江苏第二师范学院学术著作出版资助项目

土地生态与区域发展空间耦合研究
——以苏南地区为例

陆春锋　王青　杜小娅　著

南京大学出版社

图书在版编目(CIP)数据

土地生态与区域发展空间耦合研究：以苏南地区为
例 / 陆春锋，王青，杜小娅著. — 南京：南京大学出
版社，2023.1
ISBN 978 - 7 - 305 - 26079 - 7

Ⅰ. ①土… Ⅱ. ①陆… ②王… ③杜… Ⅲ. ①土地—
生态学—关系—区域经济发展—研究—苏南地区 Ⅳ.
①S154.1②F127.53

中国版本图书馆 CIP 数据核字(2022)第 154351 号

出版发行　南京大学出版社
社　　址　南京市汉口路 22 号　　　　邮　编　210093
出 版 人　金鑫荣
书　　名　**土地生态与区域发展空间耦合研究——以苏南地区为例**
著　　者　陆春锋　王　青　杜小娅
责任编辑　田　甜　　　　　　　　编辑热线　025 - 83593947
照　　排　南京南琳图文制作有限公司
印　　刷　江苏凤凰数码印务有限公司
开　　本　718 mm×1000 mm　1/16　印张 11.5　字数 185 千
版　　次　2023 年 1 月第 1 版　2023 年 1 月第 1 次印刷
ISBN 978 - 7 - 305 - 26079 - 7
定　　价　68.00 元

网址：http://www.njupco.com
官方微博：http://weibo.com/njupco
官方微信号：njupress
销售咨询热线：(025) 83594756

前　言

　　土地是人类生产、生活的空间载体和物质基础,也是区域生态系统的重要组成部分。经济快速发展对土地高强度利用造成的耕地减少、生境破坏、环境污染等问题已成为目前社会经济发展最突出的矛盾之一,土地生态环境保护刻不容缓,土地资源管理正由数量管理向数量、质量、生态"三位一体"管理转变。当前,在土地资源数量管理方面,我国已经建立比较完整的技术支撑体系,基本实现了精细化管理;在质量管理方面,经过国土资源、农业等部门多轮次以县级为基本行政单位的样点调查、土壤采样与测试分析,已建立比较完整的土地资源质量等级本底数据。土地生态管理则是"三位一体"管理的短板,如何在数量、质量管理基础上进一步加强区域土地生态的管护与优化建设已成为当前研究的热点问题。我国东部经济发达地区土地生态深受工业化、城市化影响,土地生态危机日益显现,研究揭示土地生态与工业化、城镇化、区域发展的耦合关系及其作用机制和空间差异,对差别化、针对性制定区域土地生态优化建设规划和对策措施具有重要作用。

　　研究依托国土资源部公益性行业项目"重点区域土地生态状况调查与评估"子课题"长三角经济发达地区土地生态状况调查与评估"(DCPJ121504-01)和国家自然科学基金项目(41571080),以经济发达、全国第一个现代化建设示范区——苏南地区为研究区,在遥感解译、模型计算等多途径集成建立土地生态基础数据的基础上,从生态基础、生态压力、生态建设三个层面构建指标体系,进行土地生态状况综合评价,并在ArcGIS技术支持下从空间集聚、城乡梯度等方面,对研究区土地生态的空间分布特征进行研究;构建综合指标体系进行研究区区域发展两大主要进程工业化、城镇化及区域发展水平测算和阶段划分,并通过灰色关联、典型相关分析研究土地生态与工业化、城镇化、区域发展的耦合关系和作用机制,揭示其耦合作用在不同发展阶段的地区、城乡梯度等方面的空间差异;运用突变模型对研究区土地生态与区域发展耦合状态进行诊断识别,结合工业化与城镇化的协同性评价划分土地生态—区域发展耦合建设综合分区,并构建差别化土地生态优化建设模式。

本书基于苏南地区"十二五"时期土地生态、经济发展数据,开展了土地生态综合评价及其与区域发展耦合状态诊断的方法探究,由于涉及数据面广,且加上笔者能力所限,不当之处敬请批评指正。

目　录

第一章 / 绪　论

第一节　研究背景和意义

一、研究背景

(一) 土地生态研究是实施"三位一体"国土资源管理的重要基础

土地是人类赖以生存和发展的基础,是物质承载、物资生产的重要自然要素,也是自然生态系统的重要组成部分。随着我国经济、社会的快速发展,土地的数量、质量、结构及空间布局等要素深受人类活动的影响(Deng and Du,2011),工业化、城镇化造成的土地数量减少、质量下降、生态破坏等问题逐渐成为目前最突出的矛盾(Li et al.,2016)。中国是人口大国,粮食安全是保障社会稳定的重要基础(赵其国 等,2006),然而在经济建设过程中,非农建设造成了耕地尤其是优质耕地的大规模减少(Deng et al.,2015),1990 年以来中国耕地面积累计减少超过 1 000 万 hm² 以上,每年减少约 69 万 hm²(罗翔 等,2015);同时,无序开发建设、土地过度利用等导致了土地荒漠化及沙化等一系列生态问题(朱震达 等,1990),土地生态保护已迫在眉睫,如何合理利用土地资源、促进土地生态环境可持续发展已引起全球学者的普遍关注。土地利用与整个社会的宏观经济系统相联系(刘彦随 等,2001),随着区域经济发展,人们生态环境保护意识随之加强,生态建设技术不断创新,以牺牲资源环境来实现经济增长的方式将导致区域资源枯竭、生态环境系统崩溃(于秀波,2002)。为此,单纯的土地数量管理已无法满足当前经济社会的发展需求,迫切需要土地资源管理向"数量—质量—生态"三位一体的管理模式转变(陈桂坤 等,2009),以土地资源数量管理为基础,重视土地质量提升,显化土地资源的生态功能。目前,在数量管控方面,基于第二次土地调查已全面掌握了耕地数量及空间分布,建立耕地占补实时台账,达到耕地数量精细化监控的要求(郧文聚 等,2014);在质量管理方面,经过国土、农业等部门多轮次以县级为基本行政单位的样点调查、土壤采样与测试分析,建立了比较完整的质量等级本底数据。但是,生态管护仍是当前研究的短板,目前尚未形成成熟的调查、评价及管理体系,需要加强、加深土地生态方面的研究。因此,为了实现区域的可持续发展,土地生态研究成为推进"三位一体"土地资源管理方式转变的重要基础。

(二) 经济发达地区生态危机日益显现,土地生态建设迫在眉睫

随着社会科学的进步,人类对土地资源的开发能力、利用效率大幅增强,土地资源的区域性差异导致了局部地区人口密度过高、利用强度过大等问题,致使经济发达地区土地承载压力过大(ASCE,2015)。经济发达地区工业化进程、城镇化进程领先于其他区域,基础设施完善、生活条件富裕、就业机会众多,吸引外来人口向经济发达区涌入,区内人口急剧增长(刘睿文 等,2010)。长江三角洲、珠江三角洲地区是我国最为发达的城市群(宁越敏,2016),对比第五次和第六次人口普查数据,2000—2010 年,长三角城市群人口增长超过2 000 万人,珠三角城市群人口增长超过 1 300 万。尽管技术更新提升了资源利用率,人口、土地等资源的集聚程度及利用强度大幅提高,但是人均资源占有量随着人口的快速增长而出现下降,区域土地承载压力急剧加大(唐琪 等,2006)。在经济建设过程中,大量污染物直接或间接排放进入土壤(Chen,2007),土壤正遭受着有毒重金属污染、农药污染和持久有机污染物污染等(王永生,2006),经济发达地区土壤污染问题尤为突出。由《全国土壤污染状况调查公报》可知,全国土壤总的超标率为 16.1%,长江三角洲(陈多长,2009)、珠江三角洲(朱永官 等,2005)、东北(郭书海 等,2016)等部分区域土壤污染问

题较为突出。经济发达地区人口密度高、土地利用强度大,经济快速增长的同时牺牲了更多资源和环境容量,土地承载压力过大、土壤污染严重等生态问题日益严峻,土地生态的保护和建设迫在眉睫。将土地生态建设作为区域经济发展的助推剂,有助于促进区域经济的可持续发展。

(三) 研究区作为国家现代化建设先行示范区,土地生态建设是构建区域现代化建设的重要内容之一

苏南地区是全国第一个区域性现代化建设示范区,以经济现代化、城乡现代化、社会现代化、生态文明建设、政治文明建设为重点示范建设内容(刘志彪等,2013)。苏南地区经济发达,人均地区生产总值是全国平均水平的2倍多,是我国工业发展的核心区域,尤其是自20世纪80年代起,蓬勃发展的乡镇企业成为地区经济的支柱,快速的经济发展道路形成了典型的"苏南模式"(罗小龙 等,2000)。然而"苏南模式"在推动区域经济快速发展的同时,也存在工业用地布局分散、土地利用效率低下、生态用地急剧减少等问题(刘彦随,1998),导致区域土地供需矛盾突出、土地资源承载压力增加、土地生态环境保护难度加大。在当前经济新常态背景下,通过优化区域发展模式、改善土地生态环境,避免走西方国家"先污染、后治理"的发展老路,融入绿色发展理念,走经济繁荣发达、生态环境良好、人与自然和谐相处的发展道路(牛文元 等,1998),破解土地资源环境生态约束,是促进土地生态和区域建设可持续发展的重要着力点。为此,苏南地区在探索通过土地集约利用提高土地资源利用效率的同时,需要通过土地生态建设等手段,进一步促进区域土地生态功能的发挥,推进土地生态保护与区域发展协同并进是实现生态文明建设的重要途径和必然选择。

鉴于以上背景,本书选择全国第一个区域性现代化建设示范区——苏南地区为研究区,依托国土资源部公益性行业项目(DCPJ121504-01)和国家自然科学基金项目(41571080),基于区域生态状况的全面评价解析土地生态与区域发展的空间耦合关系,探索土地生态与区域发展协调共进的有效途径,为缓解土地生态保护与区域发展之间的矛盾、合理制定土地管理模式、推进土地

生态与区域建设可持续发展提供理论依据。

二、研究意义

(一) 本研究是解析土地生态与区域发展空间耦合关系的有效路径

土地是区域发展的空间载体,区域发展承载于土地空间,并影响土地生态状况,两者之间相互联系、相互作用。在区域发展进程中,人类活动方式发生转变,作用于土地的利用方式也随之转变,并影响土地生态状况,其作用方向和影响程度的定量化评价方法亟须解决。本研究从工业化、城镇化进程两个方面分别探讨区域发展阶段进程中土地生态变化特征,通过数据分析、模型构建,为定量解析土地生态与区域发展空间耦合关系建立有效可行的路径。

(二) 本研究是优化土地生态建设模式的有益探索

本研究通过诊断土地生态与区域发展耦合状态,分析不同状态下土地生态保护存在的矛盾冲突,从提升土地生态环境状况、协同区域发展的角度,提出土地生态优化建设模式。研究区区域发展进程位于国家及江苏省前列,土地生态矛盾冲突尤为显著,土地生态保护和优化建设的迫切性较强,通过本研究可有效构建土地生态优化建设模式,为土地生态和区域建设可持续发展提供有益的探索。

(三) 本研究是践行绿色低碳高质量发展新理念的有力保障

生态文明建设是中国当代发展的根本大计和必然要求,习近平总书记在联合国大会上提出的碳达峰、碳中和目标,是我国向世界做出的庄严承诺。土地生态是构建生态系统的重要组成部分,土地生态环境的优劣将影响水体、大气等子系统的生态环境状况。本研究通过优化土地生态建设模式,为不同发展阶段的地区构建差异化的土地生态保护途径,有利于准确把握地区发展过程中土地生态保护存在的问题,精准施策,为实现双碳目标、践行绿色低碳高质量发展新理念提供有力保障。

第二节　国内外研究进展

一、区域发展与评价研究

(一) 区域发展的内涵演变

西方对区域发展的内涵研究经历了三个阶段:(1) 单一经济增长阶段(20世纪 40 年代末至 70 年代初)。该阶段是西方工业化进程快速发展阶段,研究重点多集中于经济的增长,强调资本积累的重要性和必要性(欧曼,2000),往往采用国民生产总值作为主要的评价指标测算区域发展程度。围绕经济增长提出了许多新理论,Hoover 等(1949)提出了发展阶段理论,Perroux(1950)提出了增长极理论,Williamson(1965)提出了"倒 U 型"均衡增长理论,Myrdal(1957)和 Kaldor(1957)提出了循环因果积累原理,Hirschman(1958)提出了不均衡增长理论。(2) 融合区域增长与社会发展的二元主义阶段(20 世纪 70年代中期至 80 年代)。该阶段,学者们对过于重视经济增长的区域发展理论开始反思,认为社会发展过程中的分配不均、发展不均衡问题相对经济增长更能反映区域发展程度,因此,该阶段理论研究在经济增长的基础上融合了社会发展要素,产生了《增长的极限》(Meadows et al., 1973)等反映该阶段理论思想的研究成果。(3) 基于创新理念的可持续发展阶段(20 世纪 80 年代末至今)。该阶段强调技术资源和智力资本是区域发展的最主要因素,在二元发展理论基础上,融入技术创新因素,认为区域发展是经济、社会、技术三者协调并持续发展,并将政策等人文要素以及生态环境要素逐步纳入区域发展的研究范畴。

国内学者对区域发展的研究可以追溯到 1949 年。在中华人民共和国成立之初,经济发展严重滞后,百业待兴,为了使全国人民早日摆脱贫困,国家提出了计划经济的发展战略,在全国范围内实现生活、生产要素的均衡管理,以减少贫困、实现共富,缩小区域差异(陈家泽,1987)。然而,由于中国地域广,可以利用的生产资料严重不足,均衡发展战略的缺陷逐步显现,由此引出了区域重点发展理论,主要包括梯度发展战略(刘建武,1990;夏禹龙 等,1982)、反梯度发展战略(徐炳文,1992;陶文达,1991;杨开忠,1989)、战略重点西移论(姜汝祥,1993)、中心开花论(徐炳文,1993)、东部地区重点论(魏后凯,1993)。中国于 1980 年设立了深圳、珠海、汕头和厦门经济特区,1985 年将珠江三角洲、长江三角洲、闽南地区和环渤海四个更大范围的地区列为开放地区(孙斌栋,2007),非均衡理论强调了以重点区域为空间布点的战略思路,该发展理论有效解决了当时物资匮乏、经济发展整体动力不足等问题。20 世纪 80 年代末期,在非均衡战略实施之下,全国少数重点区域发展开始腾飞,然而从国家层面而言,更广大的区域经济严重落后,因此,为了充分发挥先行地区的带动效应,区域发展战略向中性发展战略转变。中性发展战略反对全面均衡与非均衡发展理论,通过划定区域经济格局,制定由点连线、由线带面的逐步扩散发展战略,如"三沿战略""T 字形布局战略"等(国务院发展研究中心课题组,1994;杨开忠,1993)。进入 21 世纪,全国经济快速增长,区域发展步伐加快,但是经济增长对社会环境、生态环境的制约作用逐步加大,协调发展理论(张可云,2012;陈栋生,1996)、可持续发展理论(诸大建 等,2005;杨多贵 等,2000)应运而生,强调区域发展的多维性特征,内涵由单一的经济要素向社会人口、生态环境等要素衍生,反映了区域发展是人口与经济、人口与资源环境承载协同发展的特征。

(二) 区域发展水平评价

区域发展水平评价是开展区域发展研究的基础,诸多学者基于不同的研究内容、目的开展区域发展水平评价。纵观国内外区域发展水平评价体系,可以归纳为以下几种:(1) 围绕经济要素的评价指标体系。该类评价指标体系仅从经济角度评价区域发展进程,认为区域发展等同于经济发展。由于国内生产总值(GDP)是经济增长的重要表征指标,且该数据具有易获取性、全覆盖性等特征,学者们最常用的经济发展评价指标是人均 GDP 或者 GDP,以单指标测算结果评价研究区区域发展进程及空间差异等特征(欧向军 等,2004;

Wei et al.，2000；Rozelle，1994）。然而，GDP 指标更多反映了经济数量特征，不能综合评价经济发展水平。戴西超（2005）从总量、结构以及质量三个维度选取了 13 个指标构建经济发展评价指标体系；王新华（2011）则从总量、结构、效益以及经济动力四个维度选取了 17 个评价指标体系，构建经济发展综合评价指标体系；王爱苓等（2012）以保定市为例，从经济总量、经济结构以及经济效益三个维度构建了区域发展评价指标体系，分析了经济、社会、资源以及环境复合系统之间的协调发展问题。（2）围绕经济—社会的评价指标体系。从区域发展的内涵出发，仅用经济要素不能反映其社会属性，因此学者们通过构建多因子综合评价指标体系，定量评价区域发展水平。杜习乐等（2016）采用层次分析法，整合经济增长、城镇化进程、社会保障等 18 个评价指标，构建区域经济发展水平评价指标体系；赵文亮等（2011）从经济、人民生活、对外开放程度等维度选取 25 个指标评价中原经济区区域发展进程。（3）围绕可持续发展目标的综合评价指标体系。该类评价指标体系将生态环境作为重要的组成要素，构建经济—社会—生态综合评价指标体系。欧向军（2006）从区域经济发展、社会发展、资源与环境发展三个层面选取 50 个评价因子，构建了区域发展综合评价指标体系，并基于评价结果分析了江苏省各县市区域发展空间差异特征；聂春霞等（2012）则从经济增长、居民生活、文化设施、生态环境等维度建立经济、环境与社会协调性评价指标体系，评价西北五省会城市区域发展进程；余丹林（1998）增加了资源承载力、政策制约等人为因素，综合经济、社会、生态、环境等要素，构建区域可持续发展评价指标体系。

二、土地生态与评价研究

(一)土地生态研究的发展

在国外，19 世纪中叶德国化学家李比希的"矿质营养学说"可以被认为是土地生态学思想的萌芽（李比希，1983），他提出了生物与土地之间是相互关联的观点；19 世纪末，俄国土壤学家道库恰耶夫在欧亚大陆大范围调查的基础上，提出了土壤是由母质、气候、生物、地形、时间五大因素共同作用形成的"成土因素学说",事实上其已蕴含着土地生态学的重要思想(Jenny,1946)。

20世纪以来,George Marsh的著作 *Man and Nature Physical Geography as Modified by Human Action* 认为,人与自然并不是处于绝对的对立面,科学地利用自然资源,一定程度上能促进自然系统向更和谐的局面发展,同时也呼吁"与自然协调设计而不是相反"(Marsh,1965)。Marsh的这个规划原则,直至今天仍是土地生态规划的一个重要思想基础。然而,为了寻求经济的快速增长,人们并不关注与自然的协调原则,而是肆意破坏自然环境,大量农用地、林地、湿地被建设用地占用,且随着城镇化的推进,人口集聚现象严重,造成局部地区土地承载压力加大,土地生态问题开始爆发(Hu et al.,2013)。水土流失加剧(Hu et al.,2001)、土地荒漠化加速(Portnov and Safriel,2004)、土地污染加重(Yang et al.,2014)、耕地日趋减少(Tan et al.,2005)、肥力不断下降、人地矛盾愈演愈烈,所有这些问题已迅速改变着人类自身的生存环境,对人类未来生存和发展造成威胁,因而引起全社会的普遍关注。国际生物学计划(IBP)、人与生物圈计划、国际地圈—生物圈计划中多个研究课题涉及土地生态,就土地生态系统、人类活动以及全球生态系统开展各项科学研究。联合国粮农组织在1976年发表的《土地评价纲要》,从适宜性角度系统地提出了土地评价的框架及标准(Agriculture Organization of the United Nations and Service,1977),为后期开展土地生态评价构建了框架,奠定了研究基础。

进入20世纪90年代,人类进一步认识到"只有一个地球"的深刻含义,生态学也已发展成为"人类生存的科学"。1992年6月,联合国在巴西里约热内卢召开的"联合国环境与发展会议",将可持续发展作为全球共同研究内容,号召全球学者共同探讨。由此,土地生态问题引起了从政府到公众、从科学家到工程技术人员的普遍关注,"土地生态学"破土而出。

在中国,土地生态学思想从远古时代起就出现萌芽,《管子·地员篇》《齐民要术》等著作从农业生产的角度探讨土地养护、农作物种植之间的关系,书中记载了许多养地、增肥增产的经验措施;《授时通考》《王祯农书》则从土地适宜性角度出发,探讨了不同自然条件下适宜耕作的农作物以及可以采用的耕作方式。中国历史上关于"地力""养地"等知识都为土地生态学的产生积淀了厚实的历史基础。

中国真正意义上的土地生态研究始于20世纪80年代,诸多学者将土地生态研究聚焦于土地资源的开发利用及实施效用,以期寻求土地资源的优化利用和有效保护(郭旭东 等,2008)。纵观中国土地生态研究文献,早期研究主要是基于国外的研究成果对土地生态评价(景贵和,1986)、土地生态系统(王万茂 等,1993a;王万茂 等,1993b;傅伯杰,1985)等基础概念界定和理论探讨。基于当时的中国发展背景,土地生态研究主要是为了调查三峡库区(刘彦随 等,2001)、河流流域(陈荷生,1990)、喀斯特山区(黎代恒,1994;王克林,1990)、红壤地区(翟玉顺 等,1993)等生态敏感区的土地资源利用方式及生态类型,研究方法以定性分析为主。

20世纪90年代中后期,基于定性分析的类型划分和理论分析已日渐不能满足学者对土地生态问题的研究和探寻,如何采用定量分析手段精确探讨土地生态成为当时学者们关注的热点,灰色预测模型(张安录,1994)、生态足迹模型(刘宇辉 等,2004)、物元模型(门宝辉 等,2002)、能值分析模型(李双成 等,2002)等多种数学分析模型被引入土地生态研究中。研究方法的多元化扩展了土地生态研究的范围,由早期的自然资源研究向人文资源研究转变,尤其是由于经济社会的快速发展,城市作为人为活动频繁的区域,人口集聚引发的土地生态问题逐渐引起学者们的重视(Cardillo et al.，2004;Forbes and Calow,2002)。此外,随着全球可持续发展逐渐成为国际性研究课题(Wu,2013;Musacchio,2009),中国学者将土地生态单一化研究向多元化转变,土地生态研究的目的不再局限于农业生产,更多地转向土地覆被、经济生产方式、景观格局等(王根绪 等,1999;肖笃宁 等,1997;傅伯杰,1995a;傅伯杰,1995b)。

21世纪,3S技术的发展给土地生态研究提供了新的技术手段,通过遥感解译、光谱解析等技术获取不同时间节点的土地利用数据、地形数据、植被数据等,使土地生态研究年代得以延伸,研究对象得以扩展,土地生态研究成果呈爆发式增长。据中国知网(CNKI)文献统计,2000年—2016年12月31日,中国学者发表的土地生态相关文献达到 1 835 篇,是 2000 年之前研究文献(152 篇)的 10 倍多。2006 年,土地生态研究作为土地学科发展热点问题被列入了当年的《土地科学学科发展蓝皮书》,此书认为土地生态研究内容主要集中在土地生态功能与过程、土地生态经济等 10 个方面。

当土地生态研究呈现多元化、多视角、多手段趋势的同时,学者们又开始反思何为土地生态,土地生态内涵应包括哪些。何永祺(1990)指出,土地生态是生态学在土地资源的延伸,其研究内容是土地资源以及与其相关的环境组成要素。何永祺认为,土地与环境之间并不是割裂的,两者之间存在物质和能量的转换,其通过分析两者之间的关联性,指出优化的方向。朱德举(1995)从土地生态组成特性上对其概念进行界定,认为土地生态应该是一个系统,其研究内容一方面聚焦在功能结构及作用关系上,另一方面也从优化建设角度提出土地生态规划是土地生态学研究的重要载体。杨子生(2000)则在前面学者的基础上,进一步深化、细化土地生态研究内容的界定,认为土地生态研究应具体包含特性、结构、功能和优化利用。吴次芳等(2003)将时间概念融入土地生态内涵的研究中,认为土地生态学不仅是静态评价其组成与特性、结构与功能,更应该从发展与演替的角度探讨土地生态演变规律,并为今后土地利用构建调控机制,因此土地生态研究的内容不仅是组成与结构,还具有时间性和应用性。郭旭东等(2008)则强调土地生态系统之间的能量流、物质流和价值流的相互作用和转化,提出应用生态学原理揭示土地生态系统作用规律,合理利用土地资源。

(二) 土地生态评价

1. 土地生态评价的研究内容

土地生态评价是土地可持续利用研究的核心,土地生态系统的健康水平、土地的生态安全状况等都影响着土地的可持续性,学术界出于不同视角、不同应用价值开展了大量土地生态评价方面的研究(Li et al. , 2015;Van der Ploeg and Vlijm, 1978;Tubbs and Blackwood, 1971)。评价内容包含了传统土地适宜性评价(Ligmann-Zielinska and Jankowski, 2014)、土地生态安全评价(Li et al.，2014)、土地景观结构评价(Lausch et al.，2015)、土地生态系统评价(Peng et al.，2017)等。

陈炳禄等(1998)运用城市生态系统理论在土地利用生态潜力与限制性分析的基础上，获得了湛江市土地利用生态适宜性等级分布图;陈燕飞等(2006)评估了城市土地用作建设用地的生态适宜程度,考虑了水域、保护区、用地现状等多项因子,并对不同因子赋予权重,叠加得到生态适宜性评价图;部分学者运用生态位、生态足迹等模型方法对土地生态适宜性进行定量评价(吴箐等,2014;陈成忠 等,2008;俞艳 等,2008;倪九派 等,2005;梁勇 等,2004);刘炎序等(2015)运用人工神经网络等技术手段开展了典型林区土地生态适宜性评价。

土地生态安全评价是目前土地生态评价研究的热点(Su et al.，2011;Tang et al.，2006),人类活动导致的土地利用改变和土地退化、土壤侵蚀等生态环境的恶化,对土地生态安全构成了较大的威胁。侯玉乐等(2017)基于改进灰靶模型,从自然、经济、社会三个层面评价了徐州市 2003—2012 年土地生态安全状况;李玲等(2014)基于 P-S-R 模型构建了土地生态安全评价指标体系,测算河南省土地生态安全指数,并进行等级评定;徐美等(2012)在构建土地生态安全评价指标体系的基础上建立生态安全预警模型;吴未等(2010)认为土地生态安全概念具有尺度差异,在区域尺度上应该是生态系统结构不破坏,在国家或者全球尺度上应该是生态环境稳定,不受到威胁;袁磊等(2009)从自然、经济、社会等层面对资源型城市土地生态安全予以评价;马克明等(2004)从区域尺度的生物多样性保护和退化、生态系统恢复及其空间合理配置、生态系统健康的维持等方面评价区域生态安全,认为区域生态安全应该是一个系统安全问题并随着社会经济不断发展。

土地景观结构评价主要应用景观生态理论,是西方土地生态研究的核心内容。自 1939 年德国特罗尔(Troll)提出景观生态学的概念后,经过长时间的研究和探讨,土地生态基础理论、分析方法等有了显著发展,并从空间分布、时间演变的角度深入探讨,以期能优化土地生态状况(纳夫 等,1984)。景观生态学强调功能结构分析,在世界资源环境和生态研究领域得到了广泛应用,国际景观生态协会（IALE）多次举办了以土地生态为主题的国际研究大会，进一步推动了世界景观生态学的研究和运用。自 20 世纪 80 年代后期起，景观生态学逐渐成为世界研究热点，诸多生态学家和地理学家将研究视角转向土地生态的景观结构研究。景观生态学从结构、功能以及要素间相互关系的角度研究土地生态系统的变化规律，自 20 世纪 80 年代传入中国，成为国内学者的研究热点。景贵和（1986）基于景观生态学视角，提出土地景观生态研究可以直接服务于景观生态设计和景观生态规划。肖笃宁、傅伯杰等学者在引入西方景观生态学的基础上，对区域景观生态格局、安全以及规划设计等方面开展了大量的研究（傅伯杰 等，2008；陈利顶 等，2008；吕一河 等，2007；曹宇等，2005；肖笃宁，李秀珍，1997；贺红士 等，1990）。

土地生态系统评价基于生态系统角度，对包含自然、经济、社会等在内的各类土地生态驱动要素从系统本身出发分析物质、能量的流通和转换，是对整个土地生态系统的全面评价。张正华等（2005）认为土地生态评价结合了经济社会生态系统以及其他自然生态系统，生态系统评价更注重对系统运行状况的评价，从系统的角度出发，评价系统运行环境、功能状况以及发展方向等。程伟等（2012）认为土地生态评价是一种基于现状、过程及效应的系统评价，从土地生态可能带来的经济价值估算土地生态对系统的服务价值，通过分析土地生态影响因子综合评价土地生态系统状况，并结合千年生态系统评估（Millennium Ecosystem Assessment）的研究成果，指出土地生态评价包括本底、服务、适宜性和干扰四个方面。

土地生态评价是从生态学视角，基于生态系统理论，针对不同评价目标展开的土地生态状况综合评价的过程，评价内容、评价方法因不同的评价对象、评价诉求而有所差异，包括土地生态自然基础状况、土地生态利用与保护状况、土地生态景观格局以及土地生态服务价值等要素。Costanza 等（1997）提出土地生态价值可以通过不同服务功能进行估算，并测算了森林、水域、草地、沙漠、耕地等各种地类的服务功能。我国目前开展的生态服务功能估算方法主要是以 Costanza 的估算法为基础（陈颖 等，2013；邸向红 等，2013；吴海珍等，2011；谢高地 等，2001），土地生态评价为后期规划设计提供了基础，也为区域生态经济补偿提供了依据(李双成 等,2011)。

2. 土地生态评价的指标体系

土地生态评价指标体系的组成要素体现了土地生态评价内容和评价目的,反映了静态状况、动态过程及系统演变等特征。其中,静态状况评价侧重土地的状态要素,体现静态土地生态要素状况;动态过程评价强调土地生态自然状况、驱动作用、影响效应等要素,体现了土地生态变化过程效应;系统演变评价指标体系则基于系统论研究方法,将土地生态作为一个完整系统或者子系统予以评价,既体现了静态状况,又反映了动态演变规律,侧重于系统内部结构和物质流通。

静态状况评价是土地生态评价的基础,最早被应用,也是国内外研究运用最为广泛的指标体系,其评价思路与 FAO 土地适宜性评价一致,以自然要素为主要评价对象。Pieri 等(1995)根据可持续利用的需求,选取一些生态负效应指标评价土地生态质量状况好坏,并认为土地生态如果存在生态用地退化、土壤肥力下降等生态问题,则土地生态状况较差;反之,综合评价土地生态负向作用结果较少,则土地生态状况优。Messing 等(2003)在 FAO 土地评价框架的基础上,从黄土高原地区实际存在的土地生态问题出发,选取降雨表征水源缺乏状况、土壤侵蚀程度表征黄土高原风蚀效应、综合各指标静态状况评价黄土高原地区土地生态状况,并通过干预各评价因子状态进行情景模拟,为生态敏感区农业生产及其他人类活动提供理论指导。门宝辉等(2002)选择石家庄为评价区域,从城市土壤特征出发,增加污染评价指标,综合评价土地生态状况特点。王葆芳等(2004)以荒漠为研究区,选取了对土壤沙漠化具有重要影响的植被、土壤质地、坡度等因素,并基于不同尺度荒漠化评价和治理诉求不一样的特点,从现状特征、评价目标层面构建不同行政尺度评价指标体系。

动态过程评价是将自然要素、人为活动和社会经济效益结合起来,从动态变化过程评价土地生态,反映了土地生态系统中人为活动干扰下的土地生态变化过程及状态效益,并可结合人为干预主导因子进行情景模拟。常见的过程评价指标体系有"压力—状态—响应"(PSR)(Hua et al., 2011; Verburg, 2006)、可拓展随机环境影响评估模型(STIRPAT)(Jia et al., 2009)、"经济—

环境—社会"(EES)等。昌婷等(2014)从土地生态基础、胁迫、结构等层面构建了土地生态评价指标体系,指标体系反映了土地生态变化过程;吴冠岑等(2010)围绕土地生态压力—状态—响应过程构建了淮安市土地生态安全评价模型,客观评价了淮安市土地生态状况在时间尺度上的演变过程,并阐明了今后土地生态保护和预警方向;Paracchini 等(2011)基于 EES 框架,从评价目标出发构建了土地生态权衡评价方法,并分析了不同尺度土地生态状况以及保护方向。动态过程评价模型以大量的调查数据为基础,其评价结果能更好地服务土地生态管护政策的制定,因此研究往往会以不同的行政区域尺度展开,如县级(秦伟山 等,2010)、市级(王艳,2011)以及省级(邸向红 等,2013)等。

随着土地生态学的发展和土地生态问题的不断出现,在生物多样性的保护(Poschlod et al. , 2005)、土地的利用与调控、城市规划(Ahern et al. , 2014)等方面,静态状况评价以及动态过程评价方法不能满足对多方位和系统效应的全面评价,于是学者们开始结合静态和动态研究方法,将研究内容由状态、过程逐步向系统结构及系统效益转变。Franklin(1993)从物种、景观生态学角度系统探讨了生物多样性问题,认为生物多样性并不是孤立的,而是受生态系统综合效益影响。Lathrop 等(1998)运用 GIS 技术,精细化调查研究区的土壤基础条件以及生态系统内部和外部影响因素,融入景观生态学方法,分析其空间分布格局,进而探讨影响研究区土地生态环境的主导因子及生态保护规划设计方案。谢苗苗等(2011)则通过景观格局特征的分析,从土地生态服务价值以及存在的生态环境压力等角度,构建生态系统评价指标体系,并以评价结果为基础,探讨喀斯特地区生物多样性保护研究应开展的生境格局优化设计和土地生态规划。

三、土地生态与区域发展耦合关系研究

土地生态不仅能表征土地系统现状的一种基础状态,更能反映土地系统内部演变及外部作用的过程。人类活动推动工业化和城镇化进程,区域经济的发展会影响土地系统演变。20 世纪 60、70 年代开始,学者们对土地生态与区域发展之间的关系进行了诸多研究,主要可以归纳为三种观点:第一种观点

认为区域发展会消耗土地生态资源，人类活动过程中会形成许多新的生态环境问题，如土地污染、生态退化等（张帆，1998；Arrow，1995；Cleveland，1984；Meadows，1973）；第二种观点认为区域发展会促进技术革新，人类对土地的利用方式、利用深度均会随着经济发展而不断更新，而且人类的生态保护意识也会不断加强，在技术创新和保护意识增强的双重效应下，土地生态状况将会随之改善（Beckerman et al.，1992；西蒙，1985）；第三种观点则认为土地生态与区域发展之间存在一定的"替代关系"，在区域发展早期，人类对土地生态保护的技术和意识相对薄弱，区域发展往往会对土地生态环境产生一定的负面效应，但是随着区域发展到一定阶段，技术革新会减缓土地生态恶化，因此对于区域发展和土地生态之间的关系不应该是绝对的悲观和盲目的乐观。第一种观点认为经济发展对生态环境只能带来负面的、毁灭性的危害，全盘否定了经济发展随之而来的技术革新，以及技术革新对生态环境保护、改善的作用，而第二种观点则过于放大经济发展对生态环境的保护促进作用，不能正确认识在经济发展过程中可能引发的生态环境外部不经济性。绝大部分学者都认为区域经济发展与生态环境之间有着密切的联系，既会存在负面的破坏作用，又有可能提高生态环境保护意识，改善生态环境。

区域发展与土地生态之间关系的研究是一个不断探索的过程。随着区域发展进程的推进，人类对发展认识的理解、对发展目标的定位以及发展手段的应用均在不断更新（胡仪元 等，2011），但是对于两者之间关系的认识往往局限在当时社会发展背景下。在生产力低下时期，人们首先想到的是如何提高粮食生产能力，加快发展生产力而不是关注生态环境的保护，于是大量森林被砍伐，水土流失，自然生态系统遭受破坏，各类自然灾害频发；当经济发展到一定阶段，生产力水平提高，人们逐渐认识到生态环境保护的重要性，进而修正对经济发展的历史认识，将生态环境保护纳入经济发展的范畴。从发展目标的定位来看，美国发展经济学家托达罗认为发展不能简单地等同于经济变化现象，除了物质和经济数量以外，还应包含一些社会、政治体制等内容，是一个包括整个经济和社会体制的重组、重整在内的多维过程（托达罗，1992）。在经济螺旋上升发展过程中，发展目标的定位被不断修正，进而影响生态环境保护意识以及生态环境需求。从技术手段来看,经济发展加快了技术手段的更新,人类对土地资源的利用手段发生变化,土地资源利用强度加大,人地平衡遭受威胁;另一方面,技术手段的更新为改善人地关系开辟了新的途径,如何通过生态环境保护措施的运用实现经济生产力和土地资源可持续利用成为经济快速发展阶段新的研究课题。

区域发展与土地生态之间存在着紧密的联系,区域发展依赖土地资源承载力,同时,在区域发展过程中又不可避免地会影响土地生态。矿产资源、水资源、交通资源等曾经是中外大多数国家工业化发展的重要因素,但是随着人类文明进程的不断向前推进,这些传统要素所占的比重逐渐减少,新型要素逐渐成为国内外区域发展的制约要素,其中土地生态要素成为区域可持续发展的重要因素(陆大道,2003)。区域发展所引发的生态环境问题已日益严峻,成为制约经济社会可持续发展的关键瓶颈(Jin,2008)。

工业化与城镇化是区域发展的重要表征。在农牧时期,经济生产方式以农业为主,农业用地需求量大,而到了工业化时期,工业革新改变了人类一直以来以农业为主的生产方式,工业生产对建设用地的需求增加,且生产方式的改变推动了人类生活方式的转变,人口布局由分散居住方式向集中居住方式转变,随之促使城市规模不断扩大。随着工业化进程的推进,人类的土地利用方式发生转变,在工业化进程由初级阶段向中后期推进的过程中,土地利用方式变化剧烈,而当工业化进程发展到后期阶段时,土地利用方式变化趋于平稳(张佰林 等,2011)。城镇化过程会对土地承载力、水资源供给、能源供给等生态环境造成影响,大量农用地转为建设用地,土地供给需求加大,农用地、耕地迅速减少(李永实 等,2008)。城镇化进程应该与区域经济发展协调,速度过快、过慢均不利于可持续发展。中国城镇化出现了城镇化进程与区域发展不协调的现象,"急速城镇化"现象比较普遍,地方政府对城镇规划关注度高,城镇化进程在政策干预下,城市扩张过快,人口城镇化率虚高(姚士谋 等,2011)。城镇化导致大量农地非农化,以农业景观为主的农田、林地显著减少,城镇迅速扩张,土地利用的动态变化引起了环境的一系列变化,直接影响到局地气候及区域空气质量(何剑锋 等,2006)。尽管城镇化过程会对土地生态造成负面影响,但是由于城镇化会促进资源集中、技术进步、经济增长,城镇化仍然是区域发展中的一种必然选择。在城镇化快速发展的当下,长江三角洲、珠江三角洲、京津冀等特大城市群正在形成,其城镇化与土地生态环境交互耦合作用将更加复杂和多元化(方创琳 等,2016)。工业化、城镇化与土地生态之间存在着客观的动态、交互耦合关系(王少剑 等,2015),乐观学派认为,在科学合理的工业化、城镇化进程中,人们的环境保护意识与技术逐步增强,工业化、城镇化与土地生态之间的交互作用逐步走向适应与协调(张云峰 等,2011)。从世界主要发达国家的发展历程可知,在区域发展过程中,无论是工业化过程还是城镇化过程的加快均会导致建设用地占比提高、耕地等农用地面积减少(张琦,2007),进而导致土地生态功能退化。因此,从区域可持续发展角度出发,如何理性地对待工业化与城镇化发展,如何协调工业化、城镇化与土地生态,是十分有意义的问题。

土地生态是生态环境系统重要的子系统,土地生态与区域发展研究主要可以从三方面展开:(1) 防止区域发展过程中人为活动(如工业化、城镇化、土地利用等)导致的土地生态系统环境恶化、生态承载力下降(Chambers et al.,2000);(2) 防止土地生态状况的恶化和自然资源的减少、退化削弱区域经济的可持续发展(Bennett et al.,2015);(3) 寻求土地生态与区域经济共同发展的途径,促进土地生态与区域经济协调发展(崔木花,2015)。

从系统论角度出发,土地生态与经济发展的耦合可以被认为是土地生态子系统和社会经济子系统之间相互作用、影响的过程,内部之间存在着密切的联系。由于耦合是系统内部之间的作用过程,其作用过程、作用机理不能轻易揭示出来,因此通过外部表征现象将复杂的耦合过程用一定的数理方法进行定量化分析是研究难点。近年来,诸多学者尝试用耦合度(梁红梅 等,2008)、耦合协调度(张荣天 等,2015;李冠英 等,2012;李彦,2010)或动态模型(张凌 等,2013;罗铭 等,2008)等定性与定量的分析方法研究土地生态与区域发展耦合关系。张雅杰等(2016)运用耦合协调度模型探讨了荆州生态服务价值和GDP之间的协调关系,并识别了不同协调度下的生态保护模式;吴连霞等(2015)运用灰色关联模型测算人口和社会经济两个子系统之间的耦合关联度,进而分析耦合协调状态;胡喜生等(2013)通过构建动态耦合模型探讨了福州市土地生态与城市化两个子系统之间的耦合关系;汪中华(2005)从对立和统一的两个角度分析了民族地区土地生态建设与经济发展之间的不良耦合和良好耦合,并通过划定不同分区管制推进系统之间良性耦合发展。系统协同良性发展是研究土地生态与经济建设耦合过程的主要目标之一,土地生态系统因利用方式而发生变化,人类因地制宜地改良土地利用方式、提高土地利用效率、优化土地利用结构,才能实现土地生态与区域经济发展的可持续发展(李馨 等,2011)。特别是西部生态脆弱地区,经济发展过程中土地生态环境的保护更应关注(邵波 等,2005),切忌以牺牲生态环境来换取区域经济的短期增长。

四、土地生态优化建设研究

土地生态建设是生态建设的重要组成部分。19世纪30年代,西方国家进入蒸汽时代,煤炭作为主要的动力能源广泛应用于各行各业,生态环境问题尤其是大气环境问题开始显现,区域生态建设思想萌芽。美国风景画家Cathlin(1832)以艺术创作的形式,将生态建设的理念融入其《国家的公园》这幅画作之中。20世纪60年代,环境污染问题进一步加剧,区域发展和生态保护的矛盾更加突出(Tuazon et al.,2013)。为了缓解环境污染问题,促进区域与自然协调发展,引导并激发学者加大对土地生态保护及建设的研究,20世纪60年代末,联合国教科文组织启动了"人与生物圈计划",并在20世纪70年代成立了环境发展委员会。从此,土地生态建设作为世界性研究课题被广泛关注,生态农业(Alborecht,1970)、城市生态学等研究子课题应运而生。联合国的报告《我们共同的未来》通过列举众多环境问题实例,指出资源不足、环境恶化已经逐步成为危及人类生存和发展的主要问题。进入21世纪,由于农业、工业与消费方式发展的不可持续性,人类活动与土地生态之间矛盾加剧,探索土地生态与区域发展可持续的协调模式成为缓解生态环境问题、促进区域可持续发展的必然选择,基于生态安全评价的土地生态规划、土地生态恢复及重建等研究应运而生。

20 世纪 80 年代,中国农业生产能力大幅度提高,山区(王克林,1990)、黄土丘陵区(李团胜,1989)、三峡库区(孙育秋,1989)等生态敏感区域林地退化、土地流失等生态问题显现,学者们开始探讨土地生态建设,以期改善区域生态环境,保障农业生产。1990 年以后,中国工业经济腾飞,矿产开采、交通修建、城市建设造成地面塌陷、土地硬化等一系列土地生态问题,对土地可持续利用的呼声高涨,土地生态建设的重要性日益凸显。为了缓解人类活动带来的消极作用,国家通过实施天然林保护、南水北调、生态退耕等工程,加强区域土地生态建设。从生态建设内容来看,我国正处于机制转型时期,这就意味着生态保护和建设的投入主体应由农牧民转向以政府所代表的全社会,策略由“改善土地生产条件、以开发带动治理”向“保护为主、监督开发”转变,措施取向从“主动干预自然”向“依靠大自然自我恢复能力”转变(李秀彬 等,2010)。从促进经济、生态可持续发展的角度出发,许多省市结合地方土地资源特点以及土地利用需求,提出了因地制宜的土地生态建设方案和改善措施,如郑州市为了缓解人口、资源环境压力以及解决水土流失等问题,提出要积极开展土地整治工作,优化土地利用结构,治理污染,发展绿色科技,保护资源(张爱云 等,2000);长春市根据城市土地空间分布特点,分区实施生态建设管护措施(刘惠清 等,1999)。

从目前的趋势来看,生态建设往往是基于压力胁迫下的应对措施,即只有在地方生态环境出现危机或者存在潜在威胁时,才会将生态建设作为补救措施予以关注(Cai et al.,2011)。因而中国生态建设方面的研究大多集中在生态脆弱区,如邓华等(2016)运用 CLUE-S 模型,设置了多种情景模拟三峡库区土地利用变化趋势,并从生态保护角度指出应加大林草地等生态用地的保护;徐勇等(2015)通过建立生态经济耦合指数,评价黄土丘陵区“坡改梯”生态效应;周洪建等(2009)以陕西省为例,证明了人类活动对植被退化的影响,同时从保护生态的角度提出应进行生态建设;张志全等(2003)就沈阳北部土地沙化过程,提出生态建设措施;景贵和(1991)从景观生态建设的角度,对东北地区荒芜土地的生态建设和利用提出管护措施。土地生态建设是结合区域现实基础及压力而开展的一系列保护土地生态环境的措施,为了使土地生态建设取得更好的效果,首先必须要摸清区域土地生态现状,将不同特征的区域划分为不同土地生态建设区域,进而制定分区管制措施。土地生态建设管制分区的科学合理划分是生态建设方案得以有效实施的前提条件。部分学者从土地生态面临的压力胁迫出发,制定生态敏感区、脆弱区、高人口密度的生态压力区等(颜磊 等,2009;肖笃宁 等,2004);也有学者将土地生态基础、压力以及经济发展目标结合起来,划分土地生态经济区,并从协调土地生态和经济增长的角度出发,制定分区管制措施(吴协保 等,2009;卢远 等,2003)。从土地生态建设分区来看,目前的研究基本已经从传统的定性分区转变为基于 GIS、RS 等现代技术的定量评价(卫伟 等,2013;段翰晨 等,2011;于相毅 等,2004)。

五、研究述评

国内外学者们在区域发展、土地生态评价、土地生态与区域发展的关系、土地生态建设等方面,开展了大量的学术研究,综合已有相关研究发现:

(1)区域发展是人类追求文明进步的必然选择,工业化、城镇化是推动区域发展的主要动力。目前的研究大多从宏观尺度对区域发展、工业化、城镇化水平开展评价和阶段判定,但是宏观尺度评价方法不能有效甄别小尺度区域发展水平差异,需从研究对象出发,充分考虑小尺度评价结果与大尺度区域特征,在宏观尺度阶段划分的基础上进一步细化区域发展水平评价方法。

(2)目前在土地生态评价方法、评价指标等方面都做了大量探索和实证研究,但评价指标的选择忽视了土地生态影响要素以及对作用过程的分析,尚未形成一套精细化、准确化的面向区域土地生态优化的土地生态评价指标体系,评价结果还难以有效地指导土地生态的恢复和重建,需从基础条件、外部影响、响应程度等方面建立综合的评价指标体系,以对区域土地生态状况进行全面评价。

(3)厘清土地生态与区域发展的关系是推进区域经济与土地生态协调发展的基础,但目前土地生态的宏观过程尤其是主要驱动因子作用机制的空间差异研究甚少,这不利于土地生态的优化建设,不能满足土地生态与区域经济协调发展的需求,土地生态与区域发展尤其是工业化、城镇化水平的空间耦合关系需深入研究。

(4) 当前研究主要重视土地生态建设工程措施和效应评价,土地生态建设的模式、路径及实践研究相对较少,而经济发达地区的土地生态建设已迫在眉睫,对于如何开展土地生态建设,促进区域经济与生态的协调发展,需深入研究。

第三节　研究内容与研究框架

一、研究内容

根据上述分析,本研究以苏南地区为研究区域,开展土地生态状况调查,构建土地生态状况综合评价指标体系,分析土地生态状况空间差异,探讨区域发展两大主要进程——工业化和城镇化水平与土地生态状况的空间耦合,解析土地生态与区域发展耦合关系,提出土地生态优化建设模式,促进区域土地生态与经济建设的可持续发展。研究的主要内容如下:

(1) 土地生态状况评价及其空间差异和变化特征。通过调查研究区土地生态自然、人文及环境数据,建立以行政村为调查单元的土地生态基础数据库,从基础条件、压力负荷、建设强度三个层面构建土地生态状况综合评价指标体系,开展研究区土地生态状况定量评价并测算各县(市、区)土地生态状况,从空间集聚、城乡梯度等角度分析研究区土地生态空间差异和变化特征,为土地生态与区域发展耦合关系研究提供数据基础。

(2) 土地生态与区域发展的空间耦合及差异。选取我国经济快速发展地区最具代表性的两个重要方面——工业化与城镇化,来探讨区域发展水平,通过建立指标体系进行苏南地区工业化、城镇化水平测算与阶段划分;通过分析工业化、城镇化评价指标与土地生态基础条件、压力负荷、建设强度的关系,判定土地生态与区域发展水平的耦合关联度,并基于典型相关分析,研究工业化、城镇化水平对土地生态的驱动作用;从发展阶段、城乡功能分区分析不同工业化、城镇化水平下土地生态状况的变化规律及空间耦合差异。

（3）土地生态与区域发展耦合状态诊断及分区优化。基于工业化、城镇化与土地生态空间耦合关系研究结果，引入突变理论，诊断土地生态状况与区域发展之间呈现的不同耦合状态；基于工业化、城镇化协同性评价，识别区域发展类型分区；叠加耦合状态和区域发展类型，划定土地生态—区域发展耦合建设综合分区；基于环境库兹涅茨曲线，构建土地生态建设理论模式，对比分析后选取研究区土地生态优化建设模式；结合各区土地生态、区域发展特征，明确土地生态优化建设分区对策。

二、研究框架

针对发达地区亟须开展土地生态建设的迫切需求，研究以"数据调查—状态评价—耦合分析—优化管控"的思路开展土地生态与区域发展空间耦合及优化研究，通过全面的土地生态状况调查建立土地生态基础数据库，构建"基础—压力—建设"的土地生态 PSR 评价指标体系，全面评价区域土地生态状况；集成灰色关联模型、典型相关模型探讨土地生态与工业化、城镇化、区域发展之间的耦合关联程度及耦合驱动作用；并在此基础上引入突变理论，通过诊断土地生态与区域发展的耦合状态，叠加区域发展类型，划分研究区土地生态—区域发展耦合建设综合分区，并提出相应的土地生态建设模式，实现区域土地生态与区域发展水平的优化协调发展（图 1-1）。

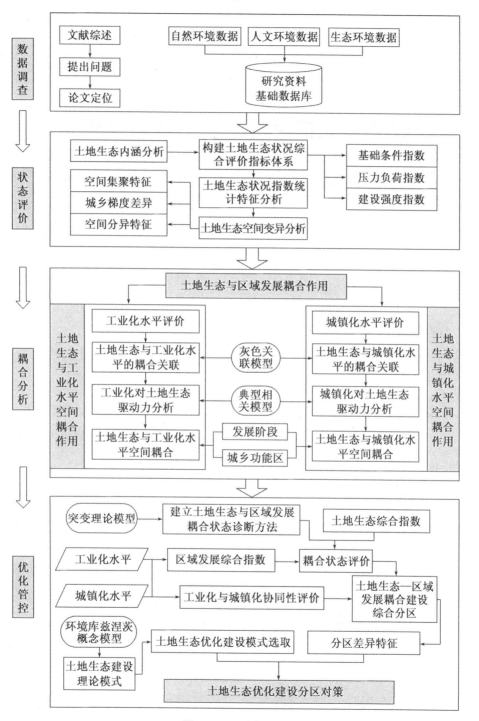

图 1-1 研究框架图

第二章 / 研究区概况与基础数据获取

第一节 研究区概况

一、自然条件概况

(一) 区域位置

研究区采用《苏南现代化建设示范区规划》中苏南地区的概念,涉及南京、无锡、常州、苏州、镇江五个设区市。该地区地处长江三角洲中心地段,东靠上海,西连安徽,南接浙江,地理坐标为 $119°8'E \sim 121°20'E$, $30°47'N \sim 32°4'N$,是江苏最大的优势板块,交通区位优越,也是中国最发达的地区之一(图 2-1)。

(二) 地形地貌

研究区土地面积 $28\,084.27\ km^2$。区域内地形以平原为主,从太湖向四周呈现出中间低、四周高的地势特征,区域海拔不高,大都不超过 3.5 m;山地丘陵主要分布在西北部的宜溧山地,海拔在 350 m 左右,地形起伏较大。

(三) 水文水资源

研究区位于长江三角洲平原地区,区域内水网密布,河道纵横,平均密度为 $4.84\ km/km^2$,最高的区域其水网密度可达 $7.2\ km/km^2$。区域内的湖泊

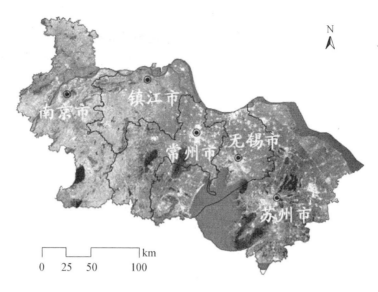

图 2-1　研究区区位图

密集众多,水资源充沛。据统计,仅湖、塘、库的总面积就可达 3 408 km²。

(四)气候条件

　　研究区属亚热带湿润季风气候,境内呈现出气候温和、季风显著、阳光充足、光热充沛、四季分明、雨量充沛的特征。全年无霜期 220~240 天,常年平均气温 15℃ 左右,年平均降雨量在 1 000 mm 以上,年际变化小。研究区大部分属于北亚热带南缘,部分有中亚热带的自然地理特征,属亚热带季风气候。夏季 6、7 月受海洋夏季风控制,是梅雨季节,强降水集中,天气炎热湿润;冬季天气寒冷干燥;春、秋是过渡季节,春温多变,秋高气爽,适宜作物种植生长以及地方耕作制度的发展。

二、社会经济概况

　　研究区总面积 2.81 万 km²,2020 年年末常住总人口 3 802 万人,其中城镇人口比重为 82.3%,人口城镇化水平是江苏省平均水平的 1.12 倍,是全国的 1.29 倍。研究区不仅仅在江苏远领先于苏中和苏北地区,也是我国经济发展最好、最快的地区之一。

表 2－1　研究区社会经济状况（2020 年）

指　标	苏　南	江　苏	全　国	苏南占江苏比重（%）	苏南占全国比重（%）
年末常住人口（万人）	3 802	8 477	141 178	44.85	2.69
年末城镇人口比重（%）	82.3	73.4	63.9	112.13	128.79
土地面积（万平方千米）	2.81	10.72	960	26.21	0.29
地区生产总值（亿元）	59 384.29	102 718.98	1 015 986	57.81	5.84
第一产业（亿元）	935.10	4 536.71	77 754	20.61	1.20
第二产业（亿元）	25 955.90	44 226.43	384 255	58.69	6.75
第三产业（亿元）	32 493.29	53 955.83	553 977	60.22	5.87
人均地区生产总值（元）	156 393	121 231	72 000	129.00	217.21

2020 年研究区实现地区生产总值 59 384.29 亿元,占江苏省比重 57.81%,占全国比重 5.84%。其中,第一产业增加值 935.10 亿元,第二产业增加值 25 955.90 亿元,第三产业增加值 32 493.29 亿元。2020 年研究区人均 GDP 为 156 393 元,对比江苏省以及全国的经济发展水平,是江苏平均水平的 1.29 倍,是全国平均水平的 2.17 倍(表 2－1)。

三、土地利用现状

研究区土地总面积为 2 808 427 hm²。其中,耕地 820 275 hm²,占研究区总规模的 29.21%;园地 120 742 hm²,占比 4.30%;林地 125 378 hm²,占比 4.47%;草地 13 025 hm²,占比 0.46%;建设用地 759 715 hm²,占比 27.05%;水域 789 291 hm²,占比 28.10%;其他土地 180 001 hm²,占比 6.41%(图 2－2)。由土地利用现状结构分布图可知:(1)城市发展以及基础设施建设导致研究区建设用地比重高,土地节约集约利用紧迫性较大;(2)研究区耕地占比为 29.21%,低于江苏省 42.75% 的耕地占比;(3)水域面积分布广泛,体现了江南水乡的地理分布特征。

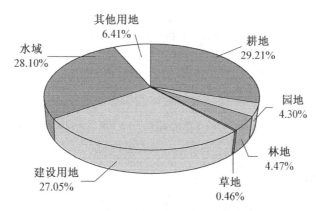

图2-2 研究区土地利用现状结构分布图

四、区域发展特点

(一)经济建设先行区,区域发展优势显著

研究区自古以来是名闻天下的"鱼米之乡",也是中国近代民族工业的重要发源地,无论是在农业生产还是在工业制造方面均有深厚的历史积累。研究区位于"长三角经济区"中心区,与上海接壤,区域发展受上海辐射影响大,承接上海大都市圈的产业外移,并作为重要腹地提供生产资料,区域发展优势显著。建设南京都市圈、苏锡常都市圈成为区域发展的重要助推剂,其中,南京都市圈包括南京和镇江两市,苏锡常都市圈包括苏州、无锡、常州三市。

(二)"苏南模式"推动传统社会农业向工业社会转变

"苏南模式"最早由费孝通于1984年在《小城镇 再探索》中提出,其特点是依托乡村企业、小城镇企业带动区域工业建设。20世纪70年代至80年代中后期是"苏南模式"的孕育初期,该阶段,研究区工业生产基础薄弱,农村工业生产出现萌芽;20世纪80年代中后期到90年代中后期,全国改革开放步伐加大,尤其是1992年浦东经济特区的建立,依托上海市场优势,研究区乡镇企业蓬勃发展,大量劳动力由农业生产向工业生产转变,经济结构工业比重加大,区域建设由传统农业向工业化转变。

（三）"新苏南模式"转变带动区域新型城镇化进程

20世纪90年代末，尤其是进入21世纪以后，市场经济趋于全球化、多元化，集体经济组织形式的村镇企业经营体制与市场竞争之间的矛盾开始显现，为了适应市场国际化竞争，传统"苏南模式"向"新苏南模式"转变。苏南各市一方面以高新技术为主导，以工业园区为载体，潜心打造现代国际制造业基地；另一方面利用承接国际产业资本大量转移的历史机遇，在经济国际化的背景下，不断强化城市的现代功能，大力加强都市圈建设，将苏南带入了工业化、城镇化、市场化、国际化、信息化互动并进的城乡一体化新时期。

第二节　研究区土地生态基础数据库的集成构建

一、基础数据集成构建流程

研究首先通过文献查阅，厘清土地生态的内涵特征，整理其研究内容，进行初步设计得到调查方案；收集研究区地形地貌、区域经济、土地利用以及已有研究成果等基础资料，并对已有资料成果进行整理和分析；基于电子数据平台，下载TM、DEM、MODIS中国区域归一化植被指数（NDVI）等遥感影像数据，通过坐标校正、图形镶嵌，提取研究区栅格图像，并运用ArcGIS应用软件进行空间数据分析；采用统一发放调查问卷的方式，补充调查研究区人口、经济、土地利用以及土地生态建设等数据，在收集调查问卷的过程中，实地调查区域经济发展、土地生态建设进展以及存在的问题。其次，将收集调查获取的基础数据以统一的数据格式进行数据输入，对来源不同的数据进行空间匹配、数据转换，对稀缺数据进行数据内插处理。最终形成以行政村为单元、覆盖研究区的土地生态基础数据库，数据库包括地形、植被、土壤、气候等自然环境数据，经济发展、人口、土地利用、行政区划等人文环境数据，以及区域环境质量与土地生态建设的生态环境数据（图2-3）。根据数据形式及获取途径确定评价指标调查方法。其中，经济发展、人口等数据可通过调查分析的方式获取；

坡度、高程等数据可通过遥感分析的方式获取；区域环境质量、土壤综合污染等数据通过收集大气监测、地质调查成果获取。

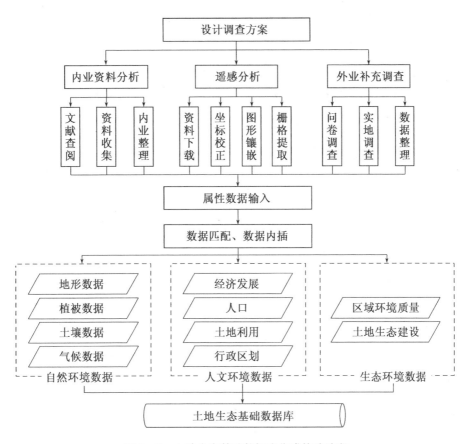

图 2 - 3　土地生态基础数据库集成构建流程

二、土地生态基础数据获取方法

（一）自然环境数据

1. 高程

通过地理空间数据云平台（www. gscloud. cn）下载 30 m 分辨率数字高程 ASTER GDEM 数据。研究区涉及 8 幅 DEM 数据，分别为 N30E120、N31E118、N31E119、N31E120、N31E121、N32E118、N32E119、N32E120，格式为".tif"，

投影为 UTM/WGS84。由于云覆盖、边界堆叠产生的直线、坑、隆起或其他异常等影响,ASTER GDEM 原始数据局部存在异常,在拼接分析过程中需进行一定的修正,将 WGS84 坐标转换为西安 1980 平面坐标系,对 ASTER GDEM 数据进行地理坐标纠正配准。DEM 数据的拼接处理均在 ArcGIS 软件中予以实现,镶嵌色彩保持原输入数据的色彩,最后以苏南行政区为掩膜进行裁切形成研究区 DEM 栅格图。研究区平均高程为 15.83 m,标准差为 31.90 m。

2. 坡度

通过地理空间数据云平台(www. gscloud. cn)下载 30 m 分辨率坡度数据,分别为 N30E120、N31E118、N31E119、N31E120、N31E121、N32E118、N32E119、N32E120,格式为“. img”,投影为 UTM/WGS84。经过拼接校正、掩膜裁切后形成研究区 SLOP 栅格图。研究区坡度分布在 0°～72.22°,平均坡度为 2.19°,标准差为 3.55°。

3. 土壤理化数据

本研究获得江苏省多目标地球化学调查苏南地区的土壤采样测试数据,该数据以 2 km×2 km 的规则网格为基准,共设计 6 573 个采样点,采样点选在相对空旷且人为因素干扰少的位置,在每个采样点采用梅花形法进行 3 到 5 处土壤混合取样,深度为表层深度 0～20 cm 的土壤。样品风干后研磨,测试分析的数据包括了 pH 值、有机碳、重金属元素等 33 项,本研究使用的指标数据包括有机碳、重金属元素数据。

采样点有机碳数据换算为有机质(王绍强 等,1999):

$$土壤有机质(g/kg)＝土壤有机碳(g/kg)×1.724 \qquad (2-1)$$

根据采样点重金属含量测算综合污染指数,研究采用内梅罗污染指数法(吴新民 等,2003),计算公式为:

$$P = \sqrt{\frac{[\max(p_i)]^2 + \left(\frac{1}{n}\sum_{i=1}^{n} p_i\right)^2}{2}} \qquad (2-2)$$

式中,$\max(p_i)$ 为样点土壤各重金属污染指数最大值;p_i 为单因子污染指数;n

为评价因子个数。

经过克里格插值,形成研究区有机质含量、重金属综合污染指数基础数据图(图 2-4)。进行基础数据统计特征分析,研究区有机质含量为 11.91～

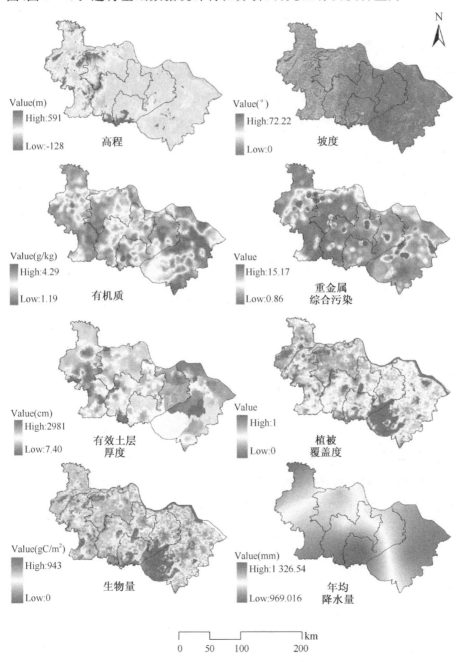

图 2-4 研究区自然环境基础数据图

42.89 g/kg,平均含量为 23.11 g/kg,标准差为 4.93 g/kg;重金属综合污染指数为 0.86~15.17,平均污染指数 1.50,标准差为 0.75。

研究获得苏南地区耕地质量等级补充完善成果,该成果于 2013 年完成,以 1∶5000 土地利用现状图的耕地图斑为评价单元,参评因素包括 9 个指标,分别为障碍层距地表深度、有效土层厚度、土壤有机质、表层土壤盐渍化程度、pH 值、土壤侵蚀程度、表层土壤质地、灌溉保证率、排水条件。该成果分等因素的调查较为全面细致,是目前为止能够获取的较完善的耕地质量本底数据。本研究基于苏南地区耕地质量等级补充完善成果提取研究区有效土层厚度数据,根据基础数据统计特征分析,研究区有效土层厚度为 7.40~29.81 cm,平均厚度为 14.71 cm,标准差为 2.50 cm。

4. 植被覆盖度

研究通过将年 NDVI 值归一化处理获取植被覆盖度。其计算公式如下:

$$VFC = \frac{NDVI - NDVI_{min}}{NDVI_{max} - NDVI_{min}} \tag{2-3}$$

$$NDVI = \frac{Band_2 - Band_1}{Band_2 + Band_1} \tag{2-4}$$

式中,VFC 表示植被覆盖度;$NDVI_{min}$、$NDVI_{max}$ 表示 $NDVI$ 的最小值和最大值;$Band_2$ 和 $Band_1$ 分别对应近红外波段与可见光红外波段。NDVI 数据可直接使用 SPOT VGT 的 NDVI 产品,SPOT VGT-S10 NDVI 产品旬数据的空间分辨率为 1 km,可在 VITO/CTIV 网站(http://free. vgt. vito. be)下载,然后裁切出研究区域需要用的部分。通过 SPOT VGT-S10 NDVI 数据提取研究区 NDVI 旬产品,使用最大值合成法 MVC 获取月 $NDVI$ 值,年 $NDVI$ 值使用月 $NDVI$(1—12 月)的平均值。计算公式为:

$$NDVI_i = \max(NDVI_{ij}) \tag{2-5}$$

$$\overline{NDVI} = \frac{1}{n} \sum_{i=1}^{n} NDVI_i \tag{2-6}$$

式中,$NDVI_i$ 是第 i 月的 $NDVI$ 值,$NDVI_{ij}$ 是第 i 月第 j 旬的 $NDVI$ 值。$\overline{NDVI}$ 为年 $NDVI$ 值,n 为月份数量。

由基础数据统计特征可知,研究区植被覆盖度为 0～1,平均覆盖度指数为 0.44,标准差为 0.16,研究区植被覆盖度基础图件见图 2 - 4。

5. 生物量(NPP)

NPP 数据直接采用 MODIS 的陆地 NPP 数据产品,空间分辨率为 1 km,MOD17A3 为年度数据。数据下载获取于 EOSDIS 网站(https://lpdaac.usgs.gov/products/mod17a3hv006/)。由基础数据统计特征可知,研究区生物量为 0～1 866.95 gC/m²,平均生物量 1 580.83 gC/m²,标准差为 284.18 gC/m²,研究区生物量图件见图 2 - 4。

6. 气象数据

气象是土地生态评价的基础指标,本研究选取年均降水量、降水量季节分配数据表征气象因素,获得了南京、常州 2 个观象台,溧阳、东山、丹徒、无锡、昆山 5 个一级站,六合、浦口等 16 个二级站共 23 个站点(图 2 - 5)的多年平均降水量以及春季、夏季、秋季、冬季分季节降水量数据。

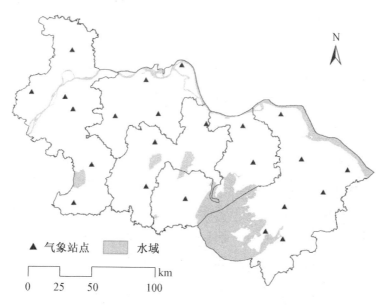

图 2 - 5　研究区气象站点位置示意图

考虑到研究区耕作制度为一年两熟,主要粮食作物水稻一般在 6 月份种植、11 月份收割,季节跨度为夏季、秋季,而冬小麦一般在冬、春两季,夏、秋两季降水量对研究区土地产出能力有重要影响,因此,评价因子中季节分配数据采用夏季、秋季降水量之和予以表征。将各站点监测数据统一入库,形成点状矢量,并通过克里格插值形成研究区降水量、季节分配基础图件(图2-4)。由基础数据统计特征可知,研究区2013年年均降水量为969~1 326 mm,平均年降水量为1 138 mm,标准差为78.80 mm;降水量季节分配为649~699 mm,平均季节分配为663 mm,标准差为13.49 mm。

(二) 人文环境基础数据

1. 经济数据

研究区经济数据包括区域国内生产总值、三产增加值、工业产值、农业产值、财政收入、财政支出、城镇居民可支配收入、农村居民人均总收入等,数据来源于江苏省以及南京市、无锡市、常州市、苏州市、镇江市历年统计年鉴,以及各市下辖县级行政单位历年统计年鉴或地方年鉴;长江三角洲经济数据来源于EPS DATA(http://olap.epsnet.com.cn/)。经济分析数据时点为2013年。

2. 人口数据

人口数据包括区域人口规模、城镇人口、乡村人口、产业从业人员等,主要采用2010年第六次人口普查数据,以及各县(市、区)统计年鉴数据。

3. 土地利用数据

土地利用数据采用国土资源管理部门备案的土地利用现状变更数据。由于地籍变更数据分类体系是基于土地管理角度制定的,与研究目的并不完全匹配,需结合土地生态效应进一步归并。其中,耕地、林地、草地与土地利用现状分类一致;湿地提取来自滩涂、沼泽地等;水面提取来自河流、湖泊、水库等;建设用地提取来自城市、建制镇、村庄采矿用地、交通用地、水工建筑用地等。

4. 行政区划数据

行政区划数据采用国土资源管理部门备案的行政区划矢量图层,形成地市、县(市、区)、镇三级行政区划以及村级建制分布图。

（三）生态环境基础数据

1. 区域环境质量数据

区域环境质量数据由地区大气环境、水环境综合质量表征。研究获得了研究区 64 个大气自动监测站点（图 2-6）的监测数据，包括空气质量指数、空气质量状况、空气质量等级以及首要污染物等监测信息，根据监测数据形成点状矢量数据图层。水质及噪声达标率数据从环境状况公报中获取，形成矢量图层。将矢量图层转换为栅格图层并进行栅格空间计算研究区环境质量数据。根据《江苏省小康社会"环境质量综合指数"考核办法》，环境质量综合指数计算公式如下：

$$EQI = 30 \times E_1 + 20 \times E_2 + 40 \times E_3 + 10 \times E_4 \qquad (2-7)$$

式中，EQI 为环境质量综合指数，E_1、E_2、E_3、E_4 分别指环境空气质量良好天数百分率、集中式饮用水源地水质达标率、水域功能区水质达标率、城市环境噪声达标区覆盖率。

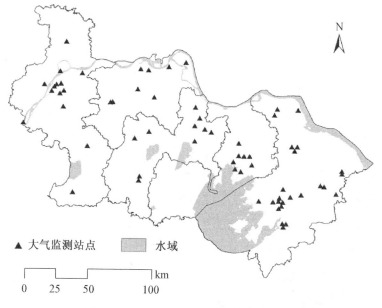

图 2-6　研究区大气监测站点位置示意图

2. 生态系统服务价值

Costanza(1997)将生态服务功能定义为生态系统物品和服务，并划分为大气调节、气候调节、干扰调节、水调节、水涵养净化、水土流失、食物生产、原材料生产、娱乐、文化等 17 种生态服务功能。诸多学者研究论证了在特定区域范围内，不同的土地利用方式导致土地大气、气候等自然调节功能以及水土流失、食物生产等服务功能存在显著差异，森林、耕地生态服务价值高于建设用地、水域(邸向红 等,2013;郭伟,2012;吴海珍 等,2011;谢高地 等,2001)。生态系统服务价值测算公式为：

$$ESV = \sum_{s=1}^{9} A_s \times VC_s \qquad (2-8)$$

式中，ESV 是区域土地生态系统服务价值总量；A_s 是研究区第 s 种地类的实际面积；VC_s 为第 s 种地类的生态服务价值系数。以往年学术研究中制定的价值系数为基础，分别得到不同地类的生态服务价值系数(表 2-2)。

表 2-2　生态服务价值系数统计表

土地利用类型	对应生态系统类型	生态服务价值系数 （元/公顷）
耕地	农田	6 114.30
林地	森林	19 334.00
园地	农田、森林	12 724.15
草地	草地	6 406.50
其他农用地	农田、水体	35 212.23
交通运输用地	建设用地	512.30
水利设施用地	水体	40 676.40
居民点及工矿	建设用地	512.30
其他土地	水体、湿地	48 082.70

3. 土地生态建设数据

土地生态建设包括高标准农田建设规模、废弃建设用地复垦规模、人工水域面积、植树造林规模以及绿化面积等。高标准农田建设规模、废弃建设用地复垦规模数据来源于自然资源部门(原国土部门)开展的江苏省高标准农田调查成果(2015 年)、废弃建设用地复垦工程(2015 年),本研究从中提取高标准农田、废弃建设用地复垦项目矢量图层,并对属性数据进行汇总分析。人工水域面积数据来源于土地利用现状变更调查数据,统计养殖水面、水库水面数据(武鹏飞 等,2012)。植树造林规模、绿化面积数据主要来源于农林部门。

第三章 / 土地生态状况及其空间变化

研究围绕土地生态内涵构建土地生态状况综合评价指标体系,通过对研究区土地生态基础条件指数、压力负荷指数、建设强度指数的测算,评价土地生态综合状况。采用空间自相关分析模型分析研究区土地生态空间集聚特征;以南京、镇江、常州、无锡、苏州五个设区市为中心构建环状分析面,探讨土地生态城乡梯度分布差异。基于村级土地生态状况评价结果,采用加权求和、算术平均、中间值等方法整合县级土地生态评价结果,通过数据统计特征以及秩和检验分析,判定最佳整合方法。

第一节 土地生态状况指标体系构建与评价

一、土地生态内涵分析

(一)基于基础生态学探讨土地生态内涵

生态学理论是土地生态研究的基础理论,需从生态学的理论内涵、研究内容、研究方法等出发,厘清土地生态的内涵。生态学是研究生物体与其周边生存环境如大气、水、土地等相互关系的科学,生态学中的环境是指生物个体或群体周围一切事物的综合,包括直接或间接影响该生物个体或群体生活和发展的各种要素(傅国华 等,2014)。生态学基本理论包括"关键种"理论、食物链及食物网理论、生态位理论、生态多样性及耐受性理论等,其中"关键种"理论主要研究关键生物种对生态多样性、稳定性等的作用方式和影响程度；食物链及食物网理论着重研究生物种群之间能量的传递方式和联系网络；生态位理论用于研究生物种群所占的位置和作用；生态多样性及耐受性理论用于研究生态稳定、自我调节、自我修复等。

将生态学研究内容及基本理论聚焦土地上，可以发现土地既可以作为一种资源载体，又可以作为一种环境要素，研究内容应该包括土地资源本身以及与土地资源相关的生物体、周围环境之间的相互关系。土地生态具备资源、功能及结构三大基本属性。

1. 资源属性

早在 19 世纪中叶，德国化学家李比希提出了"矿质营养学说"，开始确立植物吸收土壤中矿质养分而生长发育的观点。矿质营养学从土地的资源属性出发，揭示了土地资源与其他生物环境之间的联系。19 世纪末，俄国土壤学家道库恰耶夫在欧亚大陆大范围调查的基础上，提出了土壤是由母质、气候、生物、地形、时间五大因素共同作用形成的"成土因素学说"。矿质营养学说和成土因素学说明确了土地是由母质等要素组成的。土地生态的资源属性，内容上应该包括土地资源以及与土地相关的气候、生物、地形等各个环境要素。从资源属性分析，土地生态是一种物质形态，具有提供生活、生产资料的基础特性。

2. 功能属性

土地是一种基础资源，是人类及各种动植物、微生物生存和生活的空间，具有空间承载功能；此外，土地还具备生态服务功能。这种生态服务功能往往比土地资源的生产能力更有价值（莱斯特，2002）。Costanza（1997）认为生态系统具有气体调节、干扰调节、水调节、水供给等 17 种服务功能。后来，学者们引入 Costanza 生态服务功能价值，研究土地生态服务功能，并分析土地利用变化对生态服务功能价值的影响（陈颖 等，2013；邸向红 等，2013；冉圣宏等，2006；谢高地 等，2001）。

3. 结构属性

土地生态具备结构属性，体现在组成要素、利用类型、景观生态效应等方面(李鑫 等,2012;傅伯杰 等,2011),组成要素包括土壤、地形、气候、植被 等,利用类型包括耕地、建设用地、河流、草地等,景观生态效应包括土地利用景观生态多样性、连接度、聚集度等。生态学中的生态位、生态多样性等基本理论为研究土地生态结构属性奠定了很好的理论基础,诸多学者运用景观生态学研究方法分析了土地利用景观格局、土地利用对区域生态环境的影响等,为优化土地生态结构提供依据(石浩朋 等,2013;许倍慎,2012;邬建国,2007)。

(二) 基于社会—经济—自然复合系统探讨土地生态内涵

马世骏等(1984)在我国首次提出,区域社会、经济、自然三者之间互相影响、互相促进、互相制约,任何一个方面都无法独自存在发展,因此社会—经济—自然构成了一个复合生态系统。土地是养育生物的因素,是各种生物满足自身生存和发展的基础,是一切生产和万物存在的根源。从广义上讲,土地是自然、社会、经济的综合体,是一个存在着大量物质、能量交流的动态系统。土地生态可以认为是生态学理论以土地系统为对象的延伸。国内外很多学者将土地生态定义为土地在景观结构、景观布局上的研究,或者是土地与生态环境两个子系统之间的物质与能量循环转换和优化。结合社会—经济—自然复合系统理论,土地生态可以看作是一个以土地资源为载体的复合系统,包含了土地的自然属性、经济属性、社会属性等要素,且这些属性要素之间相互联系、相互作用(图 3-1)。

图 3-1 土地生态系统框架图

在要素组成方面,自然要素包括土地的地貌、气候、土壤、植被等;经济要素包括土地的生产能力、经济价值等;社会要素包括土地的承载力、粮食安全保障能力等。在要素的相互关系方面,土地的自然、经济、社会属性之间存在着物质、能量的流动和转换。土地自然要素是土地产出的物质基础,影响着土地的经济产出及社会承载能力;土地经济社会要素反过来会影响土地利用方式及空间布局,反作用于土地自然属性。土地自然、经济、社会的综合效应共同构成了土地生态系统,是土地可持续能力的一种表征。从土地利用过程分析,土地自然状况是基础,不同自然状况的土地因为区域经济、社会人为等要素而存在演变差异。假设社会、经济要素是均衡分布的理想状态,自然状况好的土地,其产生的经济要素、社会要素相应比较好,土地生态效益高。然而在利用土地实际过程中,由于利用方式、区位、经济发展的不同步,相同自然状况的土地,其产生的经济社会以及生态效益存在差异,对人类面对的利用压力以及采取的响应机制产生影响。

(三)土地生态状况评价框架构建

由基础生态学分析可知,土地生态具备资源、功能及结构三大基本属性。土地生态内涵与评价内容应该包括土地资源本身以及与土地资源相关的生物体、周围环境之间的相互关系。由社会—经济—自然复合系统理论可知,土地生态是由自然、经济、社会要素共同构成的,且要素之间相互联系、相互作用,存在大量的信息流、物质流的作用和反馈。上述分析均表明,土地生态不是一个孤立的系统,除了土地资源要素以外,还包括与土地相关的各种自然要素、经济社会要素。本研究将土地生态的要素组成、人为压力和响应联系起来,基于 PSR 模型框架构建土地生态状况综合评价体系,从土地生态基础条件、土地生态压力负荷、土地生态建设强度三个方面开展土地生态状况综合评价。土地生态基础条件包括地形、地貌、景观格局、土地生态效益等,反映了土地资源的自然要素;土地生态压力负荷包括土地承载压力、土壤污染、土地生态退化等,反映了人类活动对土地生态影响的作用效应;土地生态建设包括生态建设、土地改良等,反映了人类对土地资源的利用过程同时也是一个土地生态系统的改造过程,除了利用充分挖掘土地资源效益以外,还需从促进土地生态系统角度改良土地资源,改善土地生态环境。

二、土地生态评价单元

土地生态评价单元大小决定评价精度,单元越小,精度越高。然而,单元过小会导致数据不易获取、数据冗余、工作量繁复等问题;单元过大,则会导致数据信息被综合、掩盖,不利于反映数据差异性。从数据可获取性角度考虑,选取村级行政单位为土地生态评价单元。研究区共计行政村 5 630 个。

三、权重的确定

本研究采用改进熵权法确定各评价指标的权重(戴靓,2013)。根据信息论基本原理,信息可用于表征系统有序程度,而熵则可表征系统无序程度。指标的信息熵越小,该指标提供的信息量越大,权重则越高(Harte,2011)。根据土地生态评价指标数据的特征,熵权法能够真实地反映出各评价指标的影响程度。熵权法步骤如下:

① 构建由 k 个单元 n 个指标构成的判断矩阵:

$$\boldsymbol{A} = \begin{bmatrix} x_{11} & x_{12} & \cdots & x_{1n} \\ x_{21} & x_{22} & \cdots & x_{2n} \\ \vdots & \vdots & & \vdots \\ x_{k1} & x_{k2} & \cdots & x_{kn} \end{bmatrix} \qquad (3-1)$$

② 指标归一化处理:

$$y_{ei} = x_{ei} / \sum_{e=1}^{k} x_{ei}, \; i = 1, 2, \cdots, n$$

$$\boldsymbol{B} = \begin{bmatrix} y_{11} & y_{12} & \cdots & y_{1n} \\ y_{21} & y_{22} & \cdots & y_{2n} \\ \vdots & \vdots & & \vdots \\ y_{k1} & y_{k2} & \cdots & y_{kn} \end{bmatrix} \qquad (3-2)$$

③ 指标熵计算:

$$H_i = -\frac{1}{Ink}\sum_{e=1}^{k} f_{ei} In f_{ei}, \quad f_{ei} = \frac{y_{ei}}{\sum\limits_{e=1}^{k} y_{ei}} \qquad (3-3)$$

当 $f_{ei}=0$ 时，$In f_{ei}$ 无意义，因此对 f_{ei} 的计算进行修正，将其定义为：

$$f_{ei修正} = \frac{1+y_{ei}}{\sum\limits_{e=1}^{k}(1+y_{ei})} \qquad (3-4)$$

④ 指标权重计算：

$$W_i = \frac{1-H_i}{n-\sum\limits_{i=1}^{n} H_i}, \quad 且满足 \sum_{i=1}^{n} W_i = 1 \qquad (3-5)$$

公式 3-1 至公式 3-5 中，x_{ei} 为 e 单元 i 指标的测量值；y_{ei} 为 e 单元 i 指标的归一化数值；H_i 为 i 指标的信息熵；W_i 为指标的权重。

经计算，土地生态状况综合评价指标体系见表 3-1。

表 3-1 土地生态状况综合评价指标体系

目标层	准则层	指标层	元指标层	权重
土地生态状况综合评价指数	土地生态基础条件指数（0.25）	地貌	坡度	0.03
			高程	0.04
		气候	年均降水量	0.06
			降水量季节分配	0.05
		土壤	有机质含量	0.11
			有效土层厚度	0.04
		植被	植被覆盖度	0.17
			生物量	0.34
	土地生态压力负荷指数（0.33）	生态环境	生态功能服务价值	0.07
			区域环境质量指数	0.09
		土地承载压力	人口密度	0.37
			建设用地占比	0.07
			垦殖率	0.05
		土壤污染	土壤重金属综合污染指数	0.18
		土地退化	耕地年减少率	0.05
			林地年减少率	0.06
			湿地年减少率	0.12
		景观生态风险	景观干扰度	0.05
			景观脆弱度	0.05

（续表）

目标层	准则层	指标层	元指标层	权重
土地生态建设强度指数（0.42）	生态建设		人工水域面积年增长率	0.15
			植树造林面积年增长率	0.21
			绿化面积年增长率	0.18
	土地改良		生态退耕年增加率	0.15
			高标准基本农田建设比例	0.14
			废弃建设用地复垦率	0.17

四、指标标准化

土地生态状况各准则层与元指标层之间的关系表现为正向型、反向型、区间型。根据指标属性分别制定标准化模型。

1. 正向型标准化模型

正向型关系指标即因素指标值越大，反映土地生态状况越好，如生物量、生态服务功能价值等，该类指标采用极值标准化模型。

$$y_i = \frac{x_i - x_{i\min}}{x_{i\max} - x_{i\min}} \qquad (3-6)$$

式中，y_i 为标准值，x_i 为评价指标的实测值，$x_{i\min}$ 和 $x_{i\max}$ 分别为评价指标的区域最小值和最大值。

2. 反向型标准化模型

反向型指标值越大，表明其土地生态质量越低，如土地承载压力、土壤污染、土地生态退化、土地利用景观生态风险等指标，指标数值越大，表明土地生态压力负荷越小，土地生态状况越差。该类指标采用反向型标准化模型。

$$y_i = \frac{x_{i\max} - x_i}{x_{i\max} - x_{i\min}} \qquad (3-7)$$

式中，y_i 为标准值，x_i 为评价指标的实测值，$x_{i\min}$ 和 $x_{i\max}$ 分别为评价指标的区域最小值和最大值。

3. 区间型标准化模型

区间型指标采用隶属函数模型进行标准化，该类指标类似抛物线模型，指标在某一适度值上达到最优,大于或小于适度值时,指标开始由优向劣发展,如坡度、高程等指标(周生路 等,2004)。

五、土地生态状况综合测度函数

采用多因素综合评价法测算土地生态状况,具体计算公式如下:

$$E_i = W_S \times ES_i + W_P \times EP_i + W_R \times ER_i \qquad (3-8)$$

$$ES_i = \sum_{j=1}^{m} W_{Sj} \times ES_{ij} \qquad (3-9)$$

$$EP_i = \sum_{j=1}^{m} W_{Pj} \times EP_{ij} \qquad (3-10)$$

$$ER_i = \sum_{j=1}^{m} W_{Rj} \times ER_{ij} \qquad (3-11)$$

式中,E_i 为 i 评价单元的土地生态综合状况,ES_i、EP_i、ER_i 分别为 i 评价单元的土地生态基础条件指数、压力负荷指数和建设强度指数;W_S、W_P、W_R 为对应的权重,W_{Sj}、W_{Pj}、W_{Rj} 分别为 i 评价单元基础、压力、建设指数 j 评价指标的权重;ES_{ij}、EP_{ij}、ER_{ij} 分别为 i 评价单元 j 指标的指标值;m 为评价指标个数。

土地生态基础条件指数、压力负荷指数、建设强度指数反映了土地生态的优劣程度,指数越高,土地生态状况越优。其中,土地生态基础条件指数表征区域土地生态本底质量状况,基础条件指数越高,表明区域土地生态基础状况越好;土地生态压力负荷指数表征区域可承载土地生态压力大小,土地生态压力负荷指数越大,表明该评价单元面临的土地生态压力越小,可承载的压力负荷越大;土地生态建设强度指数表征区域土地生态响应程度,建设强度指数越高,表明该评价单元土地生态建设投入强度越大,土地生态建设状况越好。

第二节　土地生态状况评价结果及其空间差异

一、土地生态基础条件指数

根据测度函数测算研究区各评价单元的土地生态基础条件指数,测算结

果表明研究区土地生态基础条件指数为[0.18,0.61],平均值为0.45,标准差
为0.05,变异系数为0.12,统计特征反映出研究区土地生态基础条件空间差
异较小,呈偏右侧分布,集中分布在0.40~0.50之间,低值区分布单元少
(图3-2)。

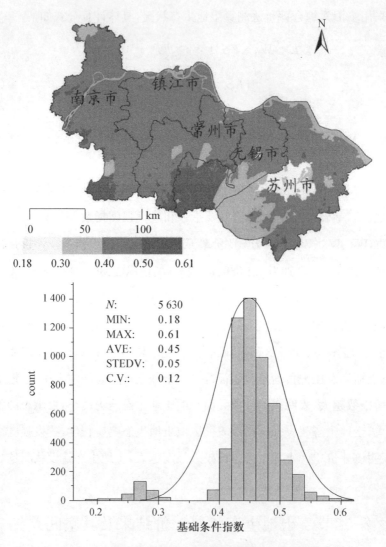

图3-2 研究区土地生态基础条件指数评价结果图

结合研究区各区的土地生态基础条件指数统计特征及空间分布来看(表
3-2,图3-2),研究区西部土地生态基础条件指数均值为0.47,略优于东部

地区(0.44),无锡市南片区和南京市西南片区土地生态条件最优,而苏州市中部城区片区土地生态条件较差,并且空间差异较大。对比分析五个设区市的统计特征,各市土地生态基础条件差异性小。其中,苏州市土地生态基础条件指数略低于其他市,平均值为0.42;南京市、无锡市土地生态基础条件指数较高,平均值为0.47。各市土地生态基础条件空间差异则呈现出苏州市最大、镇江市最小的现象。土地生态基础条件指数空间分布体现了研究区地形分布规律,西部为宁镇扬丘陵区,土地利用类型多样,林地、水域等生态功能价值高,土地生态基础条件优;而东部地区为平原地区,生态型土地分布面积相对较少,土地生态基础条件较东部丘陵地区稍差。

表3-2 研究区各区(市)的土地生态基础条件指数统计特征

行政区名称	单元个数 N	平均值 AVE	标准差 STEDV	变异系数 C.V.	行政区名称	单元个数 N	平均值 AVE	标准差 STEDV	变异系数 C.V.
研究区	**5 630**	**0.45**	**0.05**	**0.12**	**常州市**	**1 128**	**0.46**	**0.03**	**0.06**
南京市	**956**	**0.47**	**0.03**	**0.06**	天宁区	98	0.45	0.02	0.03
玄武区	22	0.47	0.01	0.03	钟楼区	44	0.44	0.01	0.01
白下区	14	0.49	0.02	0.04	戚墅堰区	10	0.46	0.01	0.02
秦淮区	11	0.49	0.02	0.04	新北区	158	0.44	0.02	0.04
建邺区	26	0.47	0.02	0.04	武进区	416	0.46	0.02	0.04
鼓楼区	9	0.48	0.01	0.03	溧阳市	235	0.49	0.02	0.05
下关区	6	0.48	0.01	0.03	金坛市	167	0.44	0.02	0.03
浦口区	118	0.47	0.02	0.03	**苏州市**	**1 585**	**0.42**	**0.07**	**0.17**
栖霞区	101	0.46	0.02	0.04	姑苏区	18	0.28	0.02	0.09
雨花台区	28	0.47	0.01	0.02	高新区	107	0.27	0.02	0.06
江宁区	192	0.47	0.02	0.04	吴中区	137	0.45	0.02	0.05
六合区	181	0.43	0.02	0.05	相城区	106	0.28	0.01	0.05
溧水区	99	0.48	0.02	0.03	苏州工业园区	52	0.27	0.02	0.09
高淳区	149	0.51	0.02	0.03	常熟市	283	0.45	0.02	0.06
无锡市	**1 184**	**0.47**	**0.05**	**0.11**	张家港市	220	0.42	0.02	0.05
崇安区	12	0.2	0.01	0.02	昆山市	233	0.45	0.03	0.06
南长区	10	0.49	0.01	0.02	吴江市	297	0.47	0.02	0.05
北塘区	19	0.51	0.01	0.02	太仓市	132	0.43	0.02	0.05

(续表)

行政区名称	单元个数 N	平均值 AVE	标准差 STEDV	变异系数 C.V.	行政区名称	单元个数 N	平均值 AVE	标准差 STEDV	变异系数 C.V.
锡山区	112	0.45	0.03	0.06	**镇江市**	**777**	**0.44**	**0.02**	**0.04**
惠山区	132	0.48	0.01	0.03	京口区	34	0.45	0.02	0.04
滨湖区	111	0.48	0.02	0.04	润州区	29	0.46	0.01	0.03
江阴市	353	0.44	0.02	0.04	丹徒区	110	0.44	0.02	0.04
宜兴市	333	0.53	0.03	0.05	镇江新区	57	0.44	0.02	0.04
无锡新区	102	0.44	0.02	0.04	丹阳市	249	0.43	0.01	0.03
					扬中市	106	0.45	0.02	0.04
					句容市	192	0.44	0.02	0.04

二、土地生态压力负荷指数

根据测度函数测算研究区各评价单元的土地生态压力负荷指数,结果显示研究区土地生态压力负荷指数为[0.39,0.99],平均值为 0.87,标准差为 0.06,变异系数为 0.07,统计特征反映出研究区土地生态压力负荷空间差异小,偏右侧分布,集中分布在 0.80~0.95 之间,低值区分布单元少。

从研究区各区(市)的土地生态压力负荷指数统计特征及空间分布来看(表 3-3,图 3-3),空间分布整体呈现西高东低的特点,表明研究区西部土地生态压力小,土地生态压力负荷指数大(0.91);而东部面临的土地生态压力大,土地生态压力负荷指数小(0.88)。对比分析五市统计特征,镇江市土地生态压力负荷指数最高,土地生态压力最小;苏州、无锡、镇江等市变异系数较小,表明各市评价单元土地生态压力状况接近,空间差异小;研究区土地生态压力负荷指数最小值位于南京市白下区,土地生态压力负荷指数仅 0.39,表明土地生态承载压力大,土地生态可承载压力负荷小。土地生态压力负荷指数空间分布与经济发展程度、人口密度关系紧密,镇江经济发展速度相对缓慢,外来人口迁入少,常住人口增长幅度小,土地生态负荷容量大,土地生态压力小;而苏州、无锡以及南京的中心城区经济发达,吸引大量的外来人口迁入集聚,人口密度高,土地承载能力较小,土地生态压力较大。

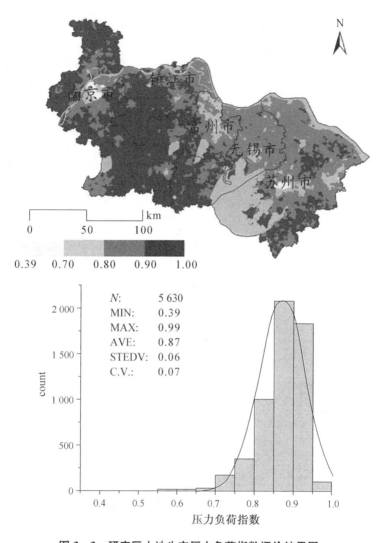

图 3-3 研究区土地生态压力负荷指数评价结果图

表 3-3 研究区各区(市)土地生态压力负荷指数统计特征

行政区名称	单元个数 N	平均值 AVE	标准差 STEDV	变异系数 C.V.	行政区名称	单元个数 N	平均值 AVE	标准差 STEDV	变异系数 C.V.
研究区	5 630	0.87	0.06	0.07	常州市	1 128	0.86	0.07	0.08
南京市	956	0.87	0.08	0.10	天宁区	98	0.75	0.05	0.07
玄武区	22	0.69	0.04	0.06	钟楼区	44	0.78	0.05	0.07

（续表）

行政区名称	单元个数 N	平均值 AVE	标准差 STEDV	变异系数 C.V.	行政区名称	单元个数 N	平均值 AVE	标准差 STEDV	变异系数 C.V.
白下区	14	0.42	0.03	0.08	戚墅堰区	10	0.76	0.02	0.02
秦淮区	11	0.57	0.02	0.04	新北区	158	0.78	0.03	0.04
建邺区	26	0.79	0.05	0.06	武进区	416	0.87	0.05	0.06
鼓楼区	9	0.80	0.01	0.01	溧阳市	235	0.92	0.03	0.04
下关区	6	0.61	0.02	0.04	金坛市	167	0.91	0.03	0.03
浦口区	118	0.90	0.03	0.04	**苏州市**	**1 585**	**0.87**	**0.05**	**0.05**
栖霞区	101	0.85	0.03	0.04	姑苏区	18	0.76	0.09	0.12
雨花台区	28	0.83	0.04	0.05	高新区	107	0.86	0.05	0.06
江宁区	192	0.90	0.03	0.04	吴中区	137	0.88	0.04	0.05
六合区	181	0.90	0.03	0.03	相城区	106	0.85	0.04	0.04
溧水区	99	0.92	0.02	0.02	苏州工业园区	52	0.81	0.04	0.05
高淳区	149	0.90	0.02	0.02	常熟市	283	0.87	0.03	0.04
无锡市	**1 184**	**0.87**	**0.04**	**0.05**	张家港市	220	0.86	0.03	0.04
崇安区	12	0.78	0.03	0.03	昆山市	233	0.87	0.05	0.06
南长区	10	0.78	0.01	0.01	吴江市	297	0.90	0.03	0.03
北塘区	19	0.78	0.02	0.03	太仓市	132	0.86	0.04	0.04
锡山区	112	0.86	0.03	0.04	**镇江市**	**777**	**0.89**	**0.04**	**0.04**
惠山区	132	0.85	0.03	0.03	京口区	34	0.86	0.04	0.05
滨湖区	111	0.86	0.05	0.06	润州区	29	0.86	0.05	0.06
江阴市	353	0.86	0.03	0.04	丹徒区	110	0.90	0.03	0.03
宜兴市	333	0.90	0.03	0.04	镇江新区	57	0.88	0.02	0.03
无锡新区	102	0.84	0.03	0.04	丹阳市	249	0.88	0.04	0.04
					扬中市	106	0.86	0.03	0.03
					句容市	192	0.92	0.02	0.02

三、土地生态建设强度指数

根据测度函数测算研究区各评价单元的土地生态建设强度指数，结果显示研究区土地生态建设强度指数为[0.00,0.50]，平均值为0.13，标准差为0.07，变异系数为0.55，土地生态建设空间差异显著。由数据形态分析，研究区土地生态建设强度整体偏低，数据呈偏左分布形态，集中分布在0.05～0.20，仅少量行政村土地生态建设状况较好。

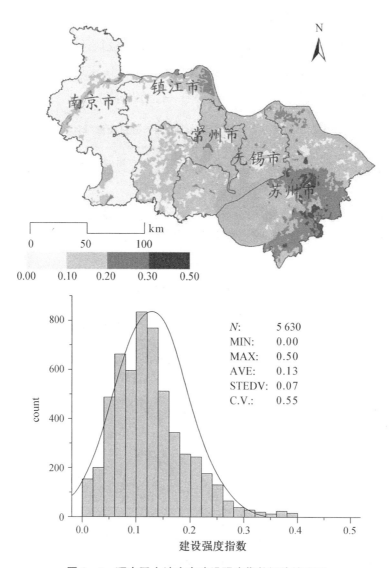

图 3-4 研究区土地生态建设强度指数评价结果图

从研究区各区(市)的土地生态建设强度指数统计特征及空间分布来看(表 3-4,图 3-4),土地生态建设呈现为东高西低的特征,东部平原区建设强度指数均值为 0.19,西部丘陵区建设强度指数均值为 0.09。苏州市土地生态建设指数高于其他四市,而南京市土地生态建设指数最低;镇江市各评价单元土地生态建设指数差异最大,空间差异性显著,而常州市土地生态建设指数空间差异最小。因为各县(市、区)之间土地生态条件、压力及经济发展状况的不同,各县对于生态建设的重视程度差异显著,西部丘陵地区由于其优越的基础条件,且经济发展速度相对缓慢,土地生态承载压力小,土地生态建设不迫切,因此该区域土地生态建设强度指数小于苏州、无锡地区。

表3-4 研究区各区(市)土地生态建设强度指数统计特征

行政区名称	单元个数 N	平均值 AVE	标准差 STEDV	变异系数 C.V.	行政区名称	单元个数 N	平均值 AVE	标准差 STEDV	变异系数 C.V.
研究区	**5 630**	**0.13**	**0.07**	**0.55**	**常州市**	**1 128**	**0.13**	**0.04**	**0.32**
南京市	**956**	**0.07**	**0.04**	**0.54**	天宁区	98	0.08	0.01	0.14
玄武区	22	0.03	0.02	0.54	钟楼区	44	0.17	0.01	0.08
白下区	14	0.01	0.01	0.60	戚墅堰区	10	0.03	0.01	0.38
秦淮区	11	0.02	0.01	0.55	新北区	158	0.13	0.03	0.21
建邺区	26	0.04	0.05	1.40	武进区	416	0.16	0.03	0.21
鼓楼区	9	0.01	0.01	0.77	溧阳市	235	0.10	0.03	0.26
下关区	6	0.19	0.05	0.26	金坛市	167	0.10	0.03	0.26
浦口区	118	0.06	0.04	0.67	**苏州市**	**1 585**	**0.18**	**0.07**	**0.41**
栖霞区	101	0.08	0.05	0.71	姑苏区	18	0.11	0.01	0.1
雨花台区	28	0.06	0.02	0.44	高新区	107	0.12	0.05	0.39
江宁区	192	0.07	0.03	0.34	吴中区	137	0.14	0.05	0.35
六合区	181	0.08	0.03	0.38	相城区	106	0.24	0.06	0.24
溧水区	99	0.07	0.02	0.33	苏州工业园区	52	0.23	0.06	0.26
高淳区	149	0.07	0.03	0.41	常熟市	283	0.12	0.04	0.35
无锡市	**1 184**	**0.12**	**0.05**	**0.42**	张家港市	220	0.19	0.06	0.24
崇安区	12	0.02	0.01	0.63	昆山市	233	0.24	0.05	0.22
南长区	10	0.02	0.01	0.42	吴江市	297	0.24	0.06	0.25
北塘区	19	0.02	0.01	0.46	太仓市	132	0.11	0.04	0.33
锡山区	112	0.10	0.04	0.44	**镇江市**	**777**	**0.10**	**0.07**	**0.68**
惠山区	132	0.13	0.03	0.23	京口区	34	0.12	0.08	0.65
滨湖区	111	0.12	0.06	0.53	润州区	29	0.04	0.05	1.11
江阴市	353	0.13	0.03	0.27	丹徒区	110	0.10	0.03	0.52
宜兴市	333	0.12	0.05	0.45	镇江新区	57	0.17	0.06	0.35
无锡新区	102	0.11	0.05	0.43	丹阳市	249	0.06	0.04	0.57
					扬中市	106	0.22	0.05	0.22
					句容市	192	0.08	0.02	0.25

四、土地生态综合状况指数

　　基于土地生态基础条件、压力负荷、建设强度评价,测算评价单元土地生态综合指数。研究区土地生态综合指数为[0.26,0.63],平均值为0.45,标准差为0.04,变异系数为0.09,土地生态空间差异不显著。从研究区各区的土地生态综合指数统计特征及空间分布来看(图3-5,表3-5),苏州市土地生态综合状况略高于其他市,南京市最低;同时,苏州市变异系数最大,表明苏州土地生态综合状况空间差异大。由数据形态分析,研究区土地生态综合指数接近正态分布,集中分布在0.40～0.50,土地生态状况较优、较差区域分布范围小。按土地生态综合指数由低到高可分为四个类型区,其中,0.26～0.30类型区分布在南京市区、苏州市区(0.27),分布面积小,仅占研究区总面积的0.09%,区内主要为大城市的老城区,人口分布密集,土地生态承载压力大,且由于建成区时间长,多为历史保护区域,城市功能分区不易调整,土地生态建设空间小,土地生态综合状况较差;0.31～0.40类型区主要分布在南京、苏州中心城区的外围圈层以及镇江、常州、无锡的中心城区,分布面积占研究区的3.72%,该区域为城市次中心,人口集聚程度较高,土地生态承载压力大,但是土地利用类型多元化,城市功能空间布局不断优化,随着城市建设的进一步推进,土地生态建设强度也逐步加强,土地生态综合状况略有改善;0.41～0.50类型区分布范围最广,占研究区总面积的75.61%,土地生态综合状况一般;0.51～0.63类型区主要分布在长江沿岸(0.55)、环太湖区域(0.53)以及西南部丘陵区(0.52),该区域土地生态基础条件优越,人口分布密度低或土地生态建设强度大,使得土地生态综合状况优越。

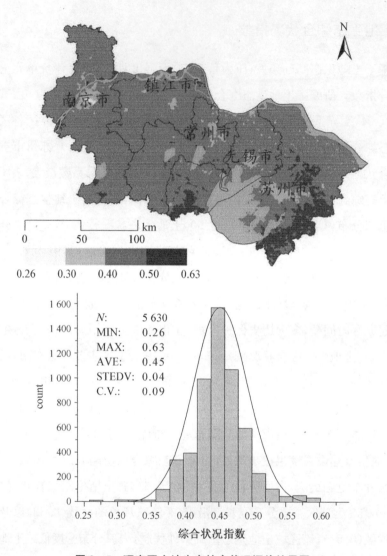

图 3-5　研究区土地生态综合状况评价结果图

表 3-5　研究区各区(市)土地生态综合状况指数统计特征

行政区名称	单元个数 N	平均值 AVE	标准差 STEDV	变异系数 C.V.	行政区名称	单元个数 N	平均值 AVE	标准差 STEDV	变异系数 C.V.
研究区	5 630	0.45	0.04	0.09	常州市	1 128	0.45	0.03	0.07
南京市	956	0.43	0.04	0.08	天宁区	98	0.39	0.02	0.05

（续表）

行政区名称	单元个数 N	平均值 AVE	标准差 STEDV	变异系数 C.V.	行政区名称	单元个数 N	平均值 AVE	标准差 STEDV	变异系数 C.V.
玄武区	22	0.36	0.02	0.05	钟楼区	44	0.44	0.02	0.05
白下区	14	0.27	0.01	0.04	戚墅堰区	10	0.38	0.01	0.01
秦淮区	11	0.32	0.01	0.03	新北区	158	0.42	0.02	0.05
建邺区	26	0.39	0.04	0.09	武进区	416	0.47	0.03	0.06
鼓楼区	9	0.39	0.01	0.02	溧阳市	235	0.47	0.01	0.03
下关区	6	0.4	0.03	0.07	金坛市	167	0.45	0.02	0.04
浦口区	118	0.44	0.02	0.05	**苏州市**	**1 585**	**0.47**	**0.05**	**0.10**
栖霞区	101	0.43	0.03	0.08	姑苏区	18	0.37	0.03	0.09
雨花台区	28	0.42	0.02	0.04	高新区	107	0.4	0.03	0.07
江宁区	192	0.44	0.02	0.04	吴中区	137	0.46	0.03	0.06
六合区	181	0.44	0.02	0.04	相城区	106	0.45	0.03	0.06
溧水区	99	0.45	0.01	0.03	苏州工业园区	52	0.43	0.04	0.08
高淳区	149	0.45	0.02	0.03	常熟市	283	0.45	0.03	0.06
无锡市	**1 184**	**0.45**	**0.04**	**0.08**	张家港市	220	0.47	0.03	0.06
崇安区	12	0.32	0.01	0.04	昆山市	233	0.5	0.04	0.08
南长区	10	0.39	0	0.01	吴江市	297	0.51	0.03	0.06
北塘区	19	0.39	0.01	0.02	太仓市	132	0.44	0.03	0.06
锡山区	112	0.44	0.03	0.07	**镇江市**	**777**	**0.45**	**0.03**	**0.07**
惠山区	132	0.45	0.02	0.04	京口区	34	0.44	0.04	0.09
滨湖区	111	0.45	0.04	0.09	润州区	29	0.41	0.03	0.07
江阴市	353	0.45	0.02	0.05	丹徒区	110	0.45	0.03	0.06
宜兴市	333	0.48	0.03	0.07	镇江新区	57	0.47	0.03	0.07
无锡新区	102	0.43	0.03	0.07	丹阳市	249	0.43	0.02	0.05
					扬中市	106	0.49	0.03	0.06
					句容市	192	0.45	0.01	0.03

第三节　土地生态状况空间变化特征

一、土地生态空间集聚特征

（一）空间自相关分析模型

空间自相关分析模型是测度要素在空间关联模式的空间分析方法，包括全局空间自相关和局部空间自相关（王伯礼 等，2010；蒲英霞 等，2005），可基于 ArcGIS、GeoDA 等软件实现。全局空间自相关以研究区所有要素为研究对象，测度各研究对象在整个研究区内的整体关联状态及其空间分布特征，公式（王伯礼 等，2010）如下：

$$I = \frac{n}{S_0} \times \frac{\sum_{i=1}^{n} \sum_{j=1}^{n} w_{ij} \cdot (x_i - \overline{x}) \cdot (x_j - \overline{x})}{\sum_{i=1}^{n} (x_i - \overline{x})^2} (i \neq j)。 \qquad (3-12)$$

式中，n 是研究区内所有空间对象的个数；x_i 表示第 i 个空间对象的观测值；$\overline{x}$ 为各观测值的平均值；w_{ij} 是 $n \times n$ 空间权重矩阵 W 的元素，表示空间单元间的拓扑关系（蒲英霞 等，2005）；S_0 为空间权重矩阵 W 的各元素之和。在给定显著性水平下，I 越接近 1，表明研究对象在整个区域中越集聚，I 越接近 0，表示研究对象越呈随机分布模式，I 越接近 -1，表明研究对象越分散。

局部莫兰指数（Local Moran's I）主要用于识别不同空间位置上的观测值与其邻域位置上的观测值间可能的局部空间关联模式，揭示空间对象间的异质性，公式如下（蒲英霞 等，2005）：

$$I_i = Z_i \cdot \sum_{j=1}^{n} w_{ij} \cdot Z_j (i \neq j)。 \qquad (3-13)$$

式中，Z_i、Z_j 分别是空间单元 i、j 上的观测值的标准化形式，即 $Z = (x - \overline{x})/\sigma$，$\sigma$ 为所有观测值的标准差；w_{ij} 是根据邻域关系定义的空间权重矩阵中的元素，且 $\sum_{ij} w_{ij} = 1$。在给定显著性水平下，正的 I_i 表示一个高值被高值所包围

(H-H),或者是一个低值被低值所包围(L-L);负的 I_i 表示一个低值被高值所包围(L-H),或者是一个高值被低值所包围(H-L)(白永平 等,2011)。有学者根据 I_i 的 4 种不同类型来研究区域土地利用变化的空间集聚类型(叶长盛等,2013;杨海娟 等,2012)。就土地生态空间分析而言:若某区 i 呈 H-H 集聚,则表明其是高值集聚区,区域土地生态状况整体较好;若某区 i 呈 L-L 集聚,则表明其是低值集聚区,区域土地生态状况整体较差;若某区 i 呈 L-H 集聚或者 H-L 集聚,则表明该区域空间集聚特征不显著。

(二)空间自相关分析结果

运用 ArcGIS 软件的空间自相关工具(Spatial Autocorrelation)测算土地生态莫兰指数(Moran's I)。研究区土地生态基础条件 Moran's I 为 0.89,Z 值为 173.63,置信水平小于 0.01;压力状况 Moran's I 为 0.80,Z 值为 152.04,置信水平小于 0.01;建设状况 Moran's I 为 0.73,Z 值为 120.09,置信水平小于 0.01;综合状况 Moran's I 为 0.72,Z 值为 117.62,置信水平小于 0.01。Moran's I 测算表明,研究区土地生态在空间上具有关联性,基础条件指数空间关联最为紧密,建设强度指数空间关联性最小。基础条件指数反映的土地生态基础状况与地形等自然要素相关,具有空间关联性。

基于局部 Moran's I,运用 ArcGIS 软件的聚类与异常值分析工具(Cluster and Outlier Analysis)对研究区进行空间聚类分析(图 3 - 6)。结果表明:土地生态基础条件指数高值区主要位于研究区南部地区,该区地形以丘陵山地为主,林地覆盖程度高,土地生态基础条件优越;低值区主要位于苏州、无锡、常州中心城区,区内建设用地分布范围广,土地生态基础条件指数低。土地生态压力负荷指数高值区主要位于研究区西部宁镇扬丘陵的远郊地区,该区域土地生态压力小,土地生态压力负荷高;低值区位于城市核心区,区域土地生态面临的压力整体较高,土地生态压力负荷低。土地生态建设强度指数高值区主要位于苏州市,该区经济发达,土地生态建设强度高;低值区主要位于南京市、镇江市,该区土地生态建设投入强度薄弱。土地生态综合指数高值区主要分布在长江沿岸区域以及苏州、无锡环太湖区域,区域内土地生态基

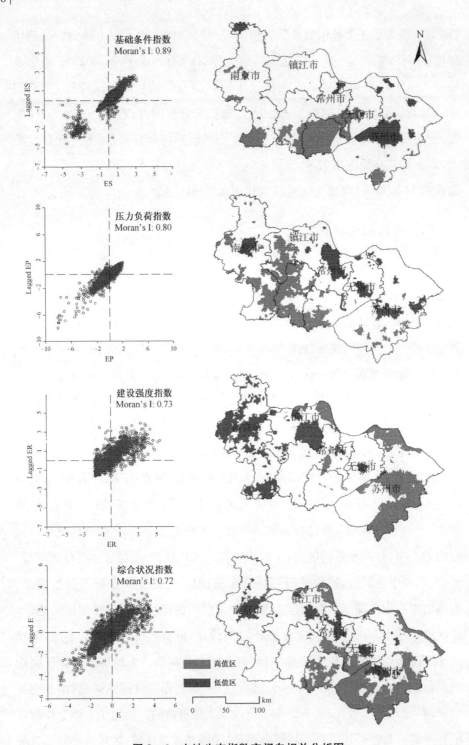

图 3 - 6　土地生态指数空间自相关分析图

础条件优越,建设强度大;低值区主要分布在城市核心区,区内土地生态压力
大,建设强度薄弱。

二、土地生态城乡梯度特征

(一)多核城乡梯度差异分析

　　研究区包括南京、镇江、常州、无锡、苏州五市,本研究运用 ArcGIS 软件
的缓冲区组件(Buffer),以城市主城区为核心向外扩散,构建 5 km×20 环状
分析面(图 3-7),测算各环土地生态平均指数,进而分析城乡梯度土地生态空
间差异。

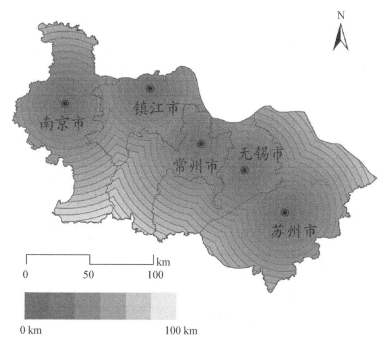

图 3-7　研究区城乡梯度分析图

　　结果表明(图 3-8),随着距离城市越远,土地生态基础条件指数呈明显
的改善趋势,Pearson 相关系数(R)为 0.945,在 0.01 水平上显著相关。城市
中心区土壤硬质化,生态功能服务价值低;而城市远郊区,人类活动少,作用于
土地及其生态环境小,土壤、植被等指标值较优,土地生态基础条件好。从梯

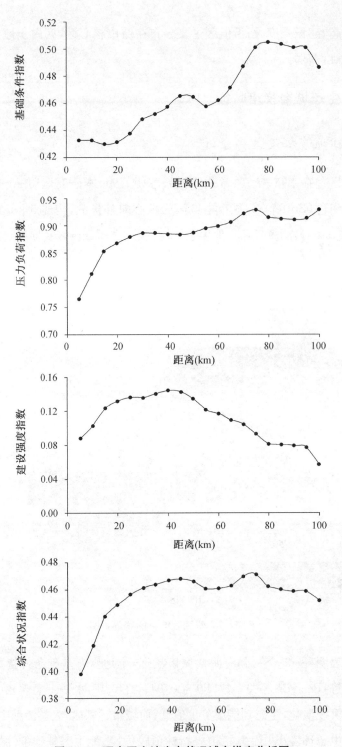

图 3－8　研究区土地生态状况城乡梯度分析图

度曲线可以看出,在距离城市中心区 15 km、55 km 左右,土地生态条件指数出现小幅波动。按照城市圈层分析,城市可以分为城市内核区、外核区、近郊区、远郊区,结合研究区城市发展现状,15 km 处是内核区向外核区演变的距离,55 km 处是近郊区向远郊区演变的距离,表明在城市内、外核区交界处以及城市近郊、远郊交界处经济建设活动频繁,土壤、植被、生态效益等指标明显降低。

随着与城市的距离越来越远,土地生态压力负荷指数呈上升趋势,Pearson 相关系数为 0.836,在 0.01 水平上显著相关。表明随着与城市的距离越来越远,土地生态压力逐步减小,土地生态压力负荷指数越高。城市中心区经济活动频繁,人口密集,生活和生产活动对环境负荷压力加大,且中心城区建设用地比重高,景观生态风险大,土地生态压力最大,从土地生态保护角度出发,压力负荷指数最小。从曲线变化可以看出,在城市内核圈层(0~15 km),土地生态压力负荷指数随着距离的变大上升幅度迅速增大,表明城市核心区的土地生态压力距离衰减效应显著;在城市外核圈层,人口集聚效应减小,土地生态压力趋于平缓,距离效应不显著。

随着与城市的距离越来越远,土地生态建设强度指数呈现先升后降的变化趋势,Pearson 相关系数为 -0.651,在 0.01 水平上显著相关。在城市内核区,土地生态建设强度指数随距离明显增加,土地生态建设效应加强,城市中心土地生态建设较弱;城市外核区、近郊区,经济发展水平较高,为土地生态建设提供了内在经济驱动力,且新城、新区建设往往落地于此,新的规划理念、建设战略为该区域土地生态建设注入了外在作用力,内、外作用使该区域土地生态建设强度明显优于其他区域。在城市远郊区,由于经济条件欠发达,生态建设意识薄弱,土地生态建设指数逐步下降。

土地生态综合状况指数反映了区域土地生态综合状况,随着与城市的距离越来越远,土地生态综合状况逐步改善,Pearson 相关系数为 0.567,在0.01 水平上显著相关。从梯度曲线可以看出,城市远郊区土地生态综合状况优于城市内核区,在城市内核区,距离效应显著,随着距离加大,土地生态综合指数呈显著上升的态势;城市外核区,上升幅度趋于平缓;城市远郊区,距离效应不显著。

(二)单核城乡梯度差异分析

为了进一步分析南京等五市的城乡梯度差异,采用单核分析法分别构建 5 km×20 环状分析面,分析五市土地生态指数的城乡梯度演变规律。

结果表明(图 3-9),土地生态基础条件指数五市差异不显著,除了苏州以外,其他四市城乡梯度演变曲线与研究区全域变化曲线相似。苏州市中心城区土地生态基础条件指数显著低于其他城市平均水平,且苏州市中心城区土地生态基础条件指数随距离的增加呈显著上升趋势。

各市土地生态压力负荷指数演变曲线与研究区城乡梯度演变曲线相似,但是不同城市变化幅度及局部曲线形态存在差异。从变化幅度分析,南京市变化幅度最大,尤其在中心城区,土地生态压力负荷指数显著小于其他城市,表明南京市区土地生态压力最大。镇江市土地生态压力负荷指数变化幅度最小,随着距离的增大,镇江市土地生态压力负荷指数并未随之增加,表明镇江市城乡差异不显著,中心城区面临的土地生态压力较小。

各市土地生态建设指数城乡梯度演变曲线存在空间差异,整体表现为苏州>无锡>常州>镇江>南京。苏州市土地生态建设强度指数最高,城市内核区表现为随距离加大而增高的趋势,城市外核及近郊区生态建设强度最大,城市远郊区生态建设变化不显著;南京市土地生态建设强度薄弱,整体表现为随距离加大,土地生态建设指数小幅提升。

各市土地生态综合状况指数城乡梯度演变曲线相似,空间差异不显著,整体表现为先显著上升后趋于平缓的演变趋势。南京市中心城区土地生态综合指数随距离增加的变化幅度最大;镇江市变化幅度最小,表明镇江市城乡梯度差异小。

综合单核与多核城乡梯度分析,本研究发现研究区土地生态质量存在一定的城乡梯度演变规律。土地生态基础条件指数、压力负荷指数、综合状况指数均随着与中心城区距离的加大,土地生态状况逐步改善,且土地生态基础条件指数与距离的线性关系更为显著,土地生态压力变化幅度则由大变小,城市

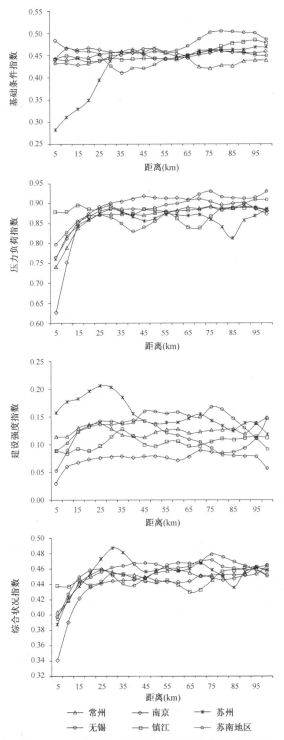

图3-9　苏南五市土地生态状况城乡梯度分析图

远郊区变化幅度逐步趋于平缓；土地生态建设指数则表现出先增加后减少的趋势，城市近郊区土地生态建设强度大。南京市、苏州市对土地生态的影响作用最大，其城市核心区内土地生态各项指数变化幅度明显大于其他地市。

三、土地生态空间分异特征

基于村级土地生态状况评价结果，测算各县（市、区）土地生态平均状况，反映其土地生态状况优劣情况。常用的平均方法有加权求和、算术平均、中间值等。其中，加权求和法，以各村面积占县（市、区）总面积的比重作为该评价单元权重，通过加权求和测算各县（市、区）土地生态平均指数；算术平均法，不考虑面积因素对各县（市、区）的影响作用，直接测算土地生态平均指数；中间值法，将各县（市、区）内的土地生态指数按大小排序，选取中间数值作为土地生态的平均指数。按三种方法分别测算各县（市、区）土地生态的平均状况，通过数据统计特征以及秩和检验（rank-sum test）分析，选取合适的整合方法。

（一）数据统计特征分析

以村级统计结果为参照，对比分析三种平均方法测算的各县（市、区）土地生态指数统计特征（表3-6）。

结果表明，对于村级数据，三种平均方法均会导致土地生态状况数据信息丢失，但是为了使整合数据组数据更能反映村级原始数据组信息，则需要从整合数据组信息量大小、平均值偏离程度以及数据信息多样性等方面综合分析整合数据组。数据信息量大小可通过数据范围（range）进行分析，基础条件指数、建设强度指数以及综合状况指数采用加权求和法整合的土地生态数据包含信息区间最大，range值分别为0.33、0.27、0.28；压力负荷指数则采用中间值法能包含最多的信息数据，range值为0.51。数据组的平均值偏离程度可通过平均值（AVE）分析，基础条件指数、压力负荷指数采用三种方法整合数据组的平均值相同，建设强度指数、综合状况指数则采用加权求和整合数据组的平均值最大，且更接近村级数据组平均值。数据信息多样性通过变异系数

(C.V.)分析,采用不同方法整合的县级压力指数变异系数相同,均为 0.12;采用加权求和法、中间值法形成的县级基础条件指数变异系数相同,均为 0.16,采用算术平均值法整合的基础条件指数变异系数为 0.15;建设强度指数变异系数表现为中间值法最大;综合状况指数变异系数则表现为加权求和法最大(表 3-6)。

表 3-6　基于多种整合方式的县级土地生态状况指数统计特征对比分析

统计项目	基础条件指数				压力负荷指数			
	村级数据	加权求和法	算术平均值法	中间值法	村级数据	加权求和法	算术平均值法	中间值法
min	0.18	0.21	0.20	0.20	0.39	0.43	0.42	0.41
max	0.61	0.54	0.53	0.53	0.99	0.92	0.92	0.92
Range	0.43	0.33	0.32	0.32	0.60	0.49	0.50	0.51
Average	0.45	0.44	0.44	0.44	0.87	0.83	0.83	0.83
Std.	0.05	0.07	0.07	0.07	0.06	0.10	0.10	0.10
C.V.	0.12	0.16	0.15	0.16	0.07	0.12	0.12	0.12

统计项目	建设强度指数				综合状况指数			
	村级数据	加权求和法	算术平均值法	中间值法	村级数据	加权求和法	算术平均值法	中间值法
min	0.00	0.01	0.01	0.01	0.26	0.27	0.27	0.26
max	0.50	0.28	0.24	0.24	0.63	0.55	0.51	0.51
Range	0.50	0.27	0.23	0.23	0.38	0.28	0.25	0.25
Average	0.13	0.13	0.11	0.10	0.45	0.44	0.43	0.43
Std.	0.07	0.08	0.06	0.06	0.04	0.06	0.05	0.05
C.V.	0.55	0.62	0.62	0.64	0.09	0.13	0.11	0.11

由各组数据统计形态对比分析可知,三种整合方式反映的数据形态与村级原始数据组相近,表明采用加权求和法、算术平均值法以及中间值法均能较好地反映研究区土地生态分布形态(图 3-10)。

综合数据范围、平均值、变异系数以及数据形态对比分析,本书发现采用加权求和法整合的县级数据组数据统计形态更接近村级原始数据组。

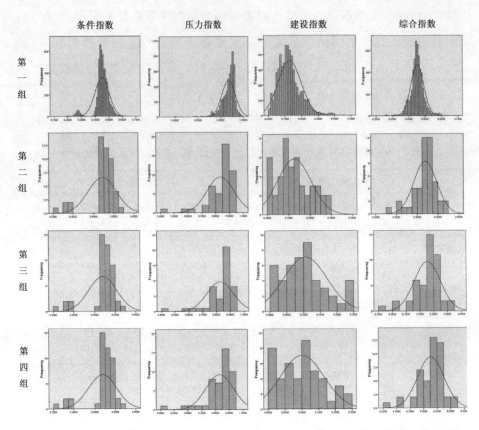

注:图中第一组、第二组、第三组、第四组分别代表村级、加权求和、算术平均、中间值数
据组。

图3-10 基于多种整合方式的县级土地生态数据组统计形态图

(二) 秩和检验(rank-sum test)

为了进一步分析不同整合方式数据组与村级原始数据组的差异性,运用
SPSS软件分别对第二组(加权求和法数据组),第三组(算术平均值数据组),
第四组(中间值数据组)与第一组(村级数据组)进行对比,分析各组数据与第
一组数据的差异性。

秩和检验结果表明(表3-7),在基础条件指数中,三组样本数据与第一
组数据差异不显著,$p > 0.05$,表明用三种整合方式求算的县级数据组与村级

数据组相似,差异性不显著,且第四组与第一组 z 值最大,最相近;在压力负荷指数中,三组样本数据与第一组数据差异显著,$p<0.05$,表明三种整合方式求算的县级数据组与村级数据组差异显著;在建设强度指数中,第二组与第一组数据差异不显著,$p>0.05$,而第三组、第四组数据 $p<0.05$,差异显著,表明用加权求和法测算的县级数据组建设强度指数与村级数据组相似;在综合状况指数中,第二组与第一组数据差异不显著,$p>0.05$,而第三组、第四组数据 $p<0.05$,差异显著,表明用加权求和法测算的县级数据组综合状况指数与村级数据组相似。

表 3-7 土地生态状况分组统计秩和检验结果

项目	条件指数		压力指数		建设指数		综合指数	
	z 值	p 值	z 值	p 值	z 值	p 值	z 值	p 值
第二组/第一组	−1.036	0.300	−2.485	0.013	−0.171	0.864	−1.236	0.216
第三组/第一组	−0.289	0.773	−3.784	0.000	−2.092	0.036	−3.462	0.001
第四组/第一组	−0.016	0.988	−3.041	0.002	−2.378	0.017	−3.368	0.001

由秩和检验分析结果可知,运用加权求和法整合的县级数据组条件指数、建设指数、综合指数与村级数据组差异不显著,表明采用加权求和法能较好地体现研究区土地生态状况分布特征。

（三）研究区土地生态状况空间分异状况

研究区县级尺度土地生态基础条件指数平均值为 0.44,标准差为 0.07,变异系数为 0.16,空间变异小,各县市区间差异小,空间分布表现为西部高于东部、丘陵高于平原、郊区高于城区;土地生态压力负荷指数平均值为 0.83,标准差为 0.10,变异系数为 0.12,总体表现为宁镇扬丘陵区优于平原区、郊区优于城区;土地生态建设强度指数平均值为 0.13,标准差为 0.08,变异系数为 0.62,空间差异显著,空间分布表现为东高西低,县域之间由于基础状况、生态压力及经济条件的不同,各县对于生态建设的重视程度差异显著(图 3-11)。

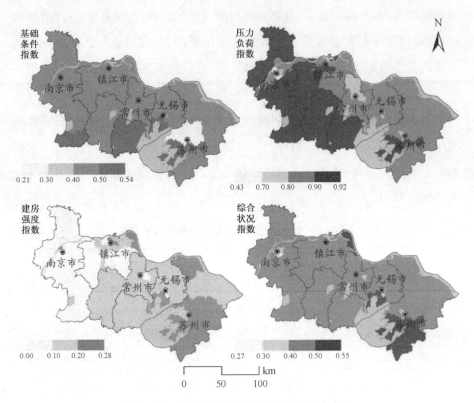

图 3‑11　各区(市)土地生态状况空间分布图

　　研究区县级尺度土地生态综合状况指数为[0.27,0.55],平均值为0.44,标准差为0.06,变异系数为0.13,土地生态综合状况空间差异小,总体呈现为东部环太湖区域高于西部宁镇扬丘陵区、郊区高于城市的态势。其中,高值区主要分布在苏州、无锡环太湖区域,区内土地生态基础条件指数较高,基础状况较好;压力负荷指数较低,面临一定的生态压力;土地生态建设强度指数高,土地生态建设强度大。低值区主要分布在南京、常州、无锡、苏州各市中心城区,区内土地生态基础条件指数较低,尤其苏州市区基础条件指数最低,表明基础状况较差;压力负荷指数低,面临的土地生态压力大;建设强度指数较低,中心城区内经济繁荣,但是中心城区内土地资源紧缺,商业、住宅等土地经济价值远大于公园、绿地等生态用地,在价值最大化的驱动下,生态建设空间不足,导致土地生态建设指数不高,土地生态综合状况较差。

第四章 / 土地生态与工业化水平的空间耦合

研究通过梳理工业化阶段不同的划分标准,构建工业化水平综合评价指标体系,识别研究区的工业化水平;基于灰色关联度模型测算工业化与土地生态之间的关联度,采用典型相关分析定量揭示工业化发展对土地生态的驱动作用;从工业化阶段、城乡功能区等多角度分析研究区土地生态与工业化耦合的空间差异。

第一节　工业化水平与阶段划分

一、工业化水平测算与阶段划分方法

工业化是经济发展的必经阶段之一,工业化的内涵具有历史性,且随着时间推进而演变(王颖,2005)。在早期,人们将工业化定义为机器生产取代手工操作的发展过程,如鲁道夫·吕贝尔特(1993)在其《工业化史》中指出:"机器时代到来以后,纺织开始机械化,蒸汽机成为一种新能源,人类生产方式开始工业化,即开始规模化生产。"机器大工业诞生以来,工业化是经济结构的变动过程,如钱纳里等(1975)指出:"纵观历史长河,经济结构的转变促进了发展,发展则是工业化最重要的中心内容。"张培刚(2002)指出,工业化就是国民经济中生产要素配置方式从低级过渡到高级的过程,这是从社会生产方式变革的角度定义工业化。三种不同的内涵解读揭示了不同时期工业化的本质内容。

西方许多学者对工业化阶段的划分开展了大量的研究。霍夫曼(1931)按

照消费品和资本品在工业活动中的地位及比重,将工业化划分为四个主要阶段:第一阶段,资本品还没有进行发展,尚处于萌芽状态,而消费品部门在此阶段起到支配作用;第二阶段,资本品的工业活动较第一阶段有了迅速发展,而消费品的支配性地位受到削弱;第三阶段,两者(消费品和资本品)在工业活动中的比重已经基本均衡;第四阶段,即与第一阶段相反,资本品部门在此阶段起到了支配性的作用。此外,钱纳里在工业化阶段划分领域也有着突出贡献,1986年,他利用二战后的发展中国家1960年之后的20年间的历史资料,建立了GDP市场占有率模型,将整个工业化进程划分成三个时期(初期、中期及后期产业)、六个阶段。初期产业时期,对经济发展起到主导作用的是制造业部门,其中第一阶段是不发达经济阶段,该阶段产业结构以农业为主,第二阶段是工业化初期阶段,产业结构从农业向工业(主要是初级产品的生产,以劳动密集型为主)转移。中期产业时期,制造业发挥了主要作用,其也有两个主要阶段,分别是工业化中期阶段和工业化后期阶段,中期阶段制造业从轻工业向重工业快速转移,第三产业迅速崛起,资本密集型产业占据主导,该阶段也叫重化工业阶段,重化工业的大规模发展代表着经济的高速增长;工业化后期阶段中第一、第二产业协调发展,第三产业有着爆发性增长且成为经济发展的主要驱动力的趋势。后期产业时期主要包括后工业化社会和现代化社会两个阶段,后工业化社会阶段的主要标志是制造业开始从资本密集型逐渐转变为技术密集型,该阶段人们生活方式已经现代化,且奢侈品逐渐得到推广;在现代化社会阶段,第三产业得到了进一步的细化,知识密集型产业逐步从传统服务业中脱离,并占据主导地位,人们的消费欲望呈现多元化。

以钱纳里工业阶段划分方法为基础,结合中国工业化进程的演变规律,融入齐元静等(2013)和陈佳贵等(2007)的成果,本研究将工业化划分为前工业化、工业化、后工业化三个阶段,前工业化阶段对应钱纳里的初级产业时期的不发达经济阶段;工业化阶段进一步细分为工业化初期、工业化中期、工业化后期,分别对应钱纳里的初级产业时期的工业化初期阶段、中期产业时期的工业化中期阶段、工业化后期阶段;后工业化阶段对应钱纳里的后期产业时期的后工业化阶段。鉴于我国当前尚未实现社会主义现代化,因此本文中现代化社会阶段暂不研究。

二、工业化水平与阶段空间差异

(一)基于钱纳里标准的工业化阶段空间差异

本书按照钱纳里工业化阶段划分标准(Chenery et al.，1986)，评价研究区各县(市、区)工业化水平(表4-1)。

表4-1 工业化阶段判定的钱纳里标准

判别指标	前工业化阶段	工业化阶段			后工业化阶段
		工业化初期	工业化中期	工业化后期	
人均GDP(美元)	<1655	1 655～3 320	3 320～6 630	6 630～12 430	>12 430
农业就业率(%)	>60	45～60	30～45	10～30	<10
三次产业结构	$A>I$	$A>20\%$，且$A<I$	$A<20\%$，$I>S$	$A<10\%$，$I>S$	$A<10\%$，$I<S$

说明:人均GDP(美元)是按照美元通货膨胀率换算;A、I、S分别表示第一产业、第二产业和第三产业的比重。

本书按常住人口测算人均GDP数据，并按照钱纳里工业化阶段划分。结果表明，研究区常住人口人均GDP为38 496～216 011元/人，按照标准可划分为工业化中期、工业化后期和后工业化阶段，其中工业化中期地区分布在南京秦淮区，工业化后期地区分布在南京、无锡、苏州、常州城市中心区以及镇江、常州部分县(市)。

按三产比重分析，研究区第一产业比重均小于10%，可划分为工业化后期、后工业化阶段。工业化后期，第二产业比重高于第三产业比重，分布区域占研究区总面积的95.04%;而后工业化阶段，第三产业比重高于第二产业比重，主要分布在南京、镇江、常州、无锡中心城区区域，占研究区总面积的4.96%，该区域商服等第三产业发达，工业生产已逐步向外迁移。

按农业就业率分析，研究区可划分为工业化中期、工业化后期、后工业化阶段。其中，南京市高淳区农业就业率为39.89%，尚处于工业化中期，占研究区总面积的 2.82％；工业化后期地区，农业就业率为 10％～30％，主要分布在研究区西部丘陵地区，占研究区总面积的 45.59％；后工业化阶段，农业就业率小于 10％，主要分布在苏州、无锡以及南京的中心城区，占研究区总面积的 51.59％（图 4-1）。

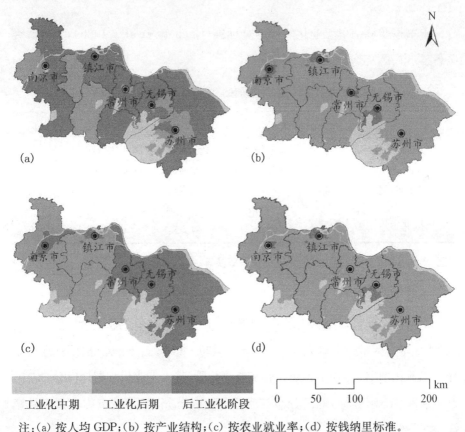

注：(a) 按人均 GDP；(b) 按产业结构；(c) 按农业就业率；(d) 按钱纳里标准。

图 4-1 研究区工业化水平空间分布图

基于钱纳里标准，比对人均 GDP、产业结构、农业就业率标准，判别工业化阶段（表 4-2）。研究区可划分为工业化中期、工业化后期、后工业化三个阶段。其中，工业化中期分布在南京市秦淮区、高淳区，分布面积 81 313.39 公顷，占研究区总规模的 2.90％。秦淮区是南京老城区，常住人口规模大，人均 GDP 低，从工业化判定标准分析，应归类为工业化中期阶段。工业化后期阶段广泛分布于研究区，面积比重达 93.64％，区内平均人均 GDP 明显高于工业化中期,农业就业率为 8.05%,第二产业比重略高于第三产业比重;后工业化阶段主要分布在南京、镇江、常州、无锡市区,分布面积 96 883.45 公顷,占研究区总规模的 3.46%,该区三产服务业比重显著增长,达到了 71.70%,农业就业率比重进一步降低,第一产业比重仅占 0.46%。

表 4 - 2 基于钱纳里标准的工业化阶段基础数据统计表

工业化阶段	人均地区生产总值(元)	农业就业率(%)	第一产业比重(%)	第二产业比重(%)	第三产业比重(%)	面积比重(%)
工业化中期	62 826	20.20	4.15	39.70	56.15	2.90
工业化后期	98 387	8.05	2.56	51.92	45.52	93.64
后工业化阶段	106 577	2.17	0.46	27.84	71.70	3.46
研究区	97 731	7.94	2.40	48.77	48.83	100.00

(二)基于综合评价的工业化阶段空间差异

由钱纳里标准判定工业化水平,研究区工业化水平空间差异不显著,且单一指标评价会导致结果与县域工业化发展程度不一致。因此,为了进一步判断研究区工业化发展水平,本研究通过建立工业化评价指标体系综合评价研究区各县域工业化水平。研究选取人均 GDP、非农产业比重、工业结构比重、非农产业从业人员比重表征地区富裕程度、产业结构、工业结构及非农就业率,通过层次分析法确定各评价指标权重,构建工业化水平综合评价指标体系(表 4 - 3),综合测算县域工业化水平(表 4 - 4)。

表 4 - 3 工业化水平综合评价指标体系

指标	权重	指标属性
人均 GDP	0.368	正向
非农产业比重	0.158	正向
工业结构比重	0.263	正向
非农产业人员比重	0.211	正向

由工业化综合指数测算结果可知(表 4 - 4),研究区工业化平均指数为 0.56,标准差为 0.15,变异系数为 26.79%,空间差异显著。工业化指数最小值为 0.15,位于南京市高淳区;最大值为 0.91,位于昆山市。

表4-4 研究区工业化水平评价基础数据统计表

行政区名称	基础数据				基于钱纳里标准				基于综合评价	
	人均GDP(元/人)	农业就业率(%)	二三产业比重(%)	工业结构比重(%)	按人均GDP	按产业结构	按农业就业率	按钱纳里标准	工业化指数	工业化阶段
南京市										
玄武区	78 301	0.54	100.00	2.21	后工业化	后工业化	后工业化	后工业化	0.55	III阶段
白下区	56 271	0.24	100.00	4.87	工业化后期	后工业化	后工业化	工业化	0.55	III阶段
秦淮区	38 496	0.50	100.00	20.20	工业化中期	后工业化	后工业化	工业化中期	0.56	III阶段
建邺区	73 631	3.26	99.90	5.13	工业化后期	工业化	工业化	工业化后期	0.55	III阶段
鼓楼区	65 474	0.08	100.00	3.09	工业化后期	后工业化	后工业化	工业化后期	0.54	III阶段
下关区	59 670	0.09	100.00	10.44	工业化后期	后工业化	后工业化	工业化后期	0.56	III阶段
浦口区	68 834	18.36	93.90	43.66	工业化后期	工业化后期	工业化后期	工业化后期	0.38	II阶段
栖霞区	140 658	7.95	99.30	63.44	后工业化	工业化后期	工业化	工业化后期	0.75	IV阶段
雨花台区	70 796	1.05	99.90	29.77	工业化后期	工业化	工业化	工业化后期	0.63	IV阶段
江宁区	80 650	11.28	95.40	40.01	工业化后期	工业化后期	工业化后期	工业化后期	0.47	III阶段
六合区	83 463	23.61	94.30	53.08	工业化后期	工业化后期	工业化后期	工业化后期	0.37	II阶段
溧水区	88 242	22.99	92.10	43.42	工业化后期	工业化后期	工业化后期	工业化后期	0.31	II阶段
高淳区	87 156	39.89	91.70	36.09	工业化后期	工业化后期	工业化中期	工业化中期	0.15	I阶段
无锡市										
崇安区	187 504	0.06	100.00	0.36	后工业化	后工业化	后工业化	后工业化	0.63	IV阶段
南长区	56 085	0.13	100.00	23.14	工业化后期	后工业化	后工业化	工业化后期	0.56	III阶段

（续表）

行政区名称	基础数据				基于钱纳里标准				基于综合评价	
	人均GDP（元/人）	农业就业率（%）	二三产业比重（%）	工业结构比重（%）	按人均GDP	按产业结构	按农业就业率	按钱纳里标准	工业化指数	工业化阶段
北塘区	69 605	0.05	100.00	8.67	工业化后期	后工业化	后工业化	工业化后期	0.54	III阶段
锡山区	76 918	2.78	96.60	44.69	工业化后期	工业化后期	后工业化	工业化后期	0.55	III阶段
惠山区	80 899	4.06	97.00	42.42	后工业化	工业化后期	后工业化	工业化后期	0.54	III阶段
滨湖区	93 437	1.26	99.40	17.00	后工业化	后工业化	后工业化	后工业化	0.56	III阶段
江阴市	156 091	3.59	98.10	47.19	后工业化	工业化后期	后工业化	工业化后期	0.65	IV阶段
宜兴市	87 018	15.39	95.60	49.36	后工业化	工业化后期	工业化后期	工业化后期	0.45	III阶段
新区	216 011	2.78	99.80	44.69	后工业化	工业化后期	后工业化	工业化后期	0.75	IV阶段
常州市										
天宁区	75 139	0.22	100.00	37.03	工业化后期	后工业化	后工业化	工业化后期	0.65	IV阶段
钟楼区	69 754	0.25	100.00	45.77	工业化后期	后工业化	后工业化	工业化后期	0.66	IV阶段
戚墅堰区	84 224	1.42	100.00	74.83	后工业化	工业化后期	后工业化	工业化后期	0.75	IV阶段
新北区	113 412	5.91	98.10	57.44	后工业化	工业化后期	后工业化	工业化后期	0.66	IV阶段
武进区	95 804	9.59	97.00	51.05	后工业化	工业化后期	后工业化	工业化后期	0.59	III阶段
溧阳市	73 550	27.61	93.00	48.83	工业化后期	工业化后期	工业化后期	工业化后期	0.29	I阶段
金坛市	66 943	24.31	92.60	34.68	工业化后期	工业化后期	工业化后期	工业化后期	0.26	I阶段
苏州市										
姑苏区	210 901	0.62	98.80	62.42	后工业化	工业化后期	后工业化	工业化后期	0.84	V阶段

（续表）

行政区名称	基础数据				基于钱纳里标准				基于综合评价	
	人均GDP（元/人）	农业就业率（%）	二三产业比重（%）	工业结构比重（%）	按人均GDP	按产业结构	按农业就业率	按钱纳里标准	工业化指数	工业化阶段
高新区	154 983	1.79	98.80	41.11	后工业化	工业化后期	后工业化	工业化后期	0.78	V阶段
吴中区	70 391	7.46	98.80	35.59	工业化后期	工业化后期	后工业化	工业化后期	0.59	III阶段
相城区	67 664	2.37	98.80	41.11	工业化后期	工业化后期	后工业化	工业化后期	0.63	IV阶段
苏州工业园区	65 651	0.62	98.80	3.00	工业化后期	工业化后期	后工业化	工业化后期	0.55	III阶段
常熟市	124 092	4.16	98.00	35.92	后工业化	工业化后期	后工业化	工业化后期	0.64	IV阶段
张家港市	165 130	6.42	98.70	46.06	后工业化	工业化后期	后工业化	工业化后期	0.71	IV阶段
昆山市	166 290	1.71	99.10	53.13	后工业化	工业化后期	后工业化	工业化后期	0.91	V阶段
吴江市	102 648	4.76	97.40	43.14	后工业化	工业化后期	后工业化	工业化后期	0.63	IV阶段
太仓市	135 133	6.16	96.50	43.76	后工业化	工业化后期	后工业化	工业化后期	0.64	IV阶段
镇江市										
京口区	90 244	4.59	99.30	21.94	后工业化	后工业化	后工业化	后工业化	0.54	III阶段
润州区	83 400	4.42	99.00	16.64	后工业化	后工业化	工业化后期	后工业化	0.52	III阶段
丹徒区	83 355	22.10	93.90	72.10	后工业化	工业化后期	工业化后期	工业化后期	0.42	II阶段
镇江新区	136 378	22.10	97.90	72.10	后工业化	工业化后期	工业化后期	工业化后期	0.60	III阶段
丹阳市	85 268	10.82	94.60	51.84	后工业化	工业化后期	工业化后期	工业化后期	0.47	III阶段
扬中市	105 910	7.19	96.80	57.99	后工业化	工业化后期	后工业化	工业化后期	0.58	III阶段
句容市	54 140	28.81	90.60	61.68	工业化后期	工业化后期	工业化后期	工业化后期	0.25	I阶段

分析工业化指数统计特征后可知,研究区工业化指数呈正态分布,根据频率直方图(图4-2)可划定5个工业化阶段(图4-3,表4-5):(1)工业化Ⅰ阶段,工业化指数<0.30,主要分布在研究区西南部,分布面积占研究区16.69%,该区域平均工业化指数为0.24,工业化程度低,人均GDP、工业结构比重、非农产业比重、非农产业从业人员等指标均低于研究区平均水平,农业就业率比重偏高;(2)工业化Ⅱ阶段,0.30≤工业化指数<0.45,主要分布在南京市、镇江市郊区,分布面积占研究区14.49%,该区平均工业化指数为0.37,经济发展水平较Ⅰ阶段略有提升,但工业结构、非农产业比重等指标依然低于研究区平均水平;(3)工业化Ⅲ阶段,0.45≤工业化指数<0.60,主要分布在南京、镇江、常州、无锡、苏州城郊区域,分布面积占研究区38.63%,该区平均工业化指数为0.54,工业化程度与研究区平均水平相近,人均GDP提升不显著,但是非农产业比重上升、农业就业率下降幅度显著;(4)工业化Ⅳ阶段,0.60≤工业化指数<0.75,主要分布在苏州、无锡郊县区域,分布面积占研究区25.57%,该区平均工业化指数为0.67,经济发达,非农产业比重、工业结构比重大幅提升,农业就业率低,区域内工业化水平高于研究区平均水平;(5)工业化Ⅴ阶段,工业化指数≥0.75,主要分布在苏州市城郊以及昆山,分布面积占研究区4.61%,该区平均工业化指数为0.84,是研究区工业化程度最高的

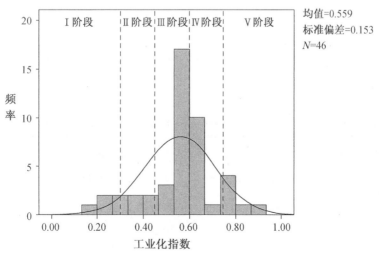

图4-2 基于工业化综合指数的阶段划分标准示意图

区域,经济发达,农业占比仅1.37%,工业结构比重高达52.22%。

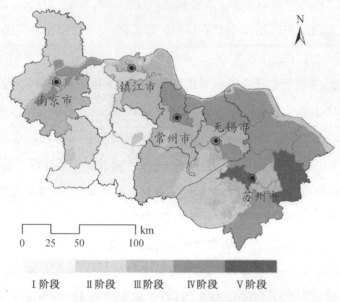

图4-3 研究区工业化水平综合分区图

表4-5 研究区工业化水平综合分区基础数据统计表

工业化阶段	人均地区生产总值（元）	非农产业比重（%）	工业结构比重（%）	农业就业率（%）	非农产业人员比重（%）	工业化指数	面积比重（%）
Ⅰ阶段	70 447	91.98	45.32	30.16	69.85	0.24	16.69
Ⅱ阶段	80 974	93.55	53.07	21.77	78.24	0.37	14.49
Ⅲ阶段	78 548	98.39	27.68	5.07	94.93	0.54	38.63
Ⅳ阶段	122 018	98.90	43.61	3.36	96.64	0.67	25.57
Ⅴ阶段	177 391	98.90	52.22	1.37	98.63	0.84	4.61
研究区	97 731	97.60	37.87	7.94	92.06	0.56	—

从工业化指标统计数据来看,研究区工业化指数跨度大,工业化水平空间差异大,研究区工业化进程特征由"二三一"向"三二一"转变,第三产业占地区生产总值比重加大,经济发展对工业的依赖性逐渐减弱。

第二节 土地生态与工业化水平的耦合作用

一、土地生态与工业化水平的耦合进程

研究区工业化水平可以划分为五个阶段,统计分析各阶段土地生态状况,在工业化Ⅰ阶段,平均工业化指数为 0.24,基础条件指数为 0.47,压力负荷指数为 0.92,建设强度指数为 0.10,综合状况指数为 0.46,土地生态综合状况较好;在工业化Ⅱ阶段,平均工业化指数为 0.37,基础条件指数为 0.46,压力负荷指数为 0.91,建设强度指数为 0.09,综合状况指数为 0.45;在工业化Ⅲ阶段,平均工业化指数为 0.54,基础条件指数为 0.47,压力负荷指数为 0.81,建设强度指数为 0.12,综合状况指数为 0.44;在工业化Ⅳ阶段,平均工业化指数为 0.67,基础条件指数为 0.42,压力负荷指数为 0.84,建设强度指数为 0.14,综合状况指数为 0.44;在工业化Ⅴ阶段,平均工业化指数为 0.84,基础条件指数为 0.33,压力负荷指数为 0.82,建设强度指数为 0.18,综合状况指数为 0.43(表 4-6)。

表 4-6 研究区工业化阶段分区汇总表

工业化 阶段分区	工业化 指数	基础条件 指数	压力负荷 指数	建设强度 指数	综合状况 指数
Ⅰ阶段	0.24	0.47	0.92	0.10	0.46
Ⅱ阶段	0.37	0.46	0.91	0.09	0.45
Ⅲ阶段	0.54	0.47	0.81	0.12	0.44
Ⅳ阶段	0.67	0.42	0.84	0.14	0.44
Ⅴ阶段	0.84	0.33	0.82	0.18	0.43
研究区	**0.56**	**0.44**	**0.83**	**0.13**	**0.44**

以各阶段土地生态及工业化指数平均值为样点数据,拟合工业化阶段推进过程,得到土地生态变化趋势。由图 4-4 可知,研究区土地生态基础条件指数与工业化指数呈负相关($R^2 = 0.64$,$p = 0.065$),Pearson 相关系数为 -0.86,表明在工业化阶段推进过程中,土地生态基础条件状况总体上趋于恶

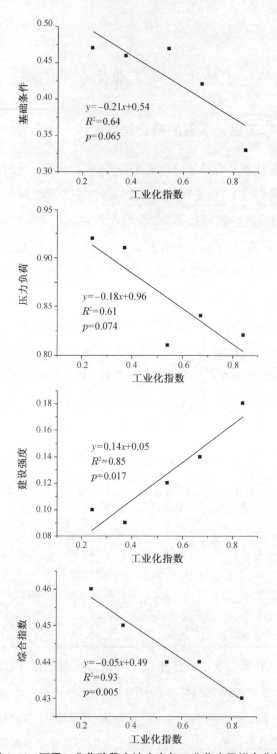

图4-4　不同工业化阶段土地生态与工业化水平拟合曲线

化;土地生态压力负荷指数与工业化指数呈负相关($R^2=0.61, p=0.074$),Pearson相关系数为-0.84,表明在工业化阶段推进过程中,土地生态压力增强,区域生态压力负荷指数趋于下降;土地生态建设强度指数与工业化指数呈正相关($R^2=0.85, p=0.017$),Pearson相关系数为0.94,表明在工业化阶段推进过程中,区域经济发展程度提升,土地生态建设投入的力度加大,建设强度指数呈显著上升趋势;叠加基础条件、压力负荷、建设强度与工业化的变化趋势,研究区土地生态综合状况与工业化指数呈显著负相关($R^2=0.93, p=0.005$),Pearson相关系数为-0.97,表明工业化水平的提高总体上会导致土地生态综合状况趋于恶化。

二、土地生态与工业化水平的耦合关联

1. 灰色系统理论(Grey Relational Analysis, GRA)

灰色系统理论是20世纪80年代由邓聚龙教授提出的(邓聚龙,1990),由于该方法可针对研究数据少、信息不确定性问题,被广泛运用到各研究领域(宗玮,2012)。在灰色关系分析中,一个灰色系统具有黑白信息级别,黑色表示没有信息,白色表示具有所有信息。换句话说,在灰色系统中,一些信息在系统中因素之间的关系是确定的;有些信息在灰色系统中的因素之间的关系是不确定的。灰色关系分析是一种影响测量方法,在分析不确定关系的灰色系统理论中,给定系统的一个主要因素和所有其他因素,当实验模糊或实验时的情况方法不能精确地进行时,灰色分析有助于改善统计回归中出现的缺点。灰色关系分析实际上衡量了绝对值序列之间的数据差异,可用于测量其间的近似相关性序列。

2. 基于灰色系统理论的耦合关联度分析

工业化是表征经济发展的重要进程,将工业化和土地生态看作两个子系统,工业化对生态环境产生胁迫力的同时,生态环境也对工业化具有制约力,两者之间相互作用(朱士兴 等,2014)。研究运用灰色关联度模型测算工业化与土地生态之间的关联度。

灰色关联度模型见式4-1:

$$\varepsilon_m(n) = \frac{\displaystyle\min_m \min_n |Z_m^X - Z_n^Y| + \rho \max_m \max_n |Z_m^X - Z_n^Y|}{|Z_m^X - Z_n^Y| + \rho \max_m \max_n |Z_m^X - Z_n^Y|} \qquad (4-1)$$

式中,$\varepsilon_m(n)$ 为第 i 县工业化第 m 项指标与生态环境系统第 n 项指标的关联系数;Z_m^X、Z_n^Y 分别为第 i 县第 m 项指标和生态环境系统第 n 项指标的标准化值;ρ 为分辨系数,且 $\rho \in (0,1)$,一般取 $\rho = 0.5$。

$$U = \frac{1}{m \times n} \sum_{m=1}^{m} \sum_{n=1}^{n} \varepsilon_m(n) \qquad (4-2)$$

式中,U 为工业化与土地生态的耦合关联度。当耦合关联度处于[0,0.30]时,关联性很弱,耦合作用相当模糊;当耦合关联度处于(0.30,0.45]时,关联性较弱,耦合作用较为模糊;当耦合关联度处于(0.45,0.55]时,关联性中等,耦合作用适度;当耦合关联度处于(0.55,0.70]时,关联性较强,耦合作用较为明显;当耦合关联度处于(0.70,0.85]时,关联性很强,耦合作用相当明显;当耦合关联度处于(0.85,1.00]时,关联性极强,耦合作用极为明显。

　　运用公式分别测算工业化与土地生态基础条件指数、压力负荷指数、建设强度指数的耦合关联度。结果表明,工业化与土地生态基础条件指数耦合关联度为 0.61,耦合度较强,工业化程度各评价指标与土地生态基础条件指数耦合度序列为人均 GDP>工业结构比重>非农产业比重>非农产业人员比重;工业化与土地生态压力负荷指数耦合关联度为 0.62,耦合度较强,工业化程度各评价指标与土地生态压力负荷指数耦合度序列为非农产业人员比重>非农产业比重>工业结构比重>人均 GDP,非农产业人员比重的耦合度强(0.72),非农产业比重、工业结构比重与压力状况关联性较强,耦合度较强,而人均 GDP 与压力状况关联指数为 0.46,适度耦合;工业化与土地生态建设强度指数耦合关联度为 0.50,适度耦合,工业化程度各评价指标与土地生态建设强度指数耦合度序列为人均 GDP>工业结构比重>非农产业比重>非农产业人员比重,人均 GDP 耦合度强,达到了 0.77,而非农产业比重、非农产业人员比重与建设状况关联性中等,适度耦合(表 4-7)。总之,工业化与土地生态基础条件指数、压力负荷指数关联度较强,与建设强度指数关联度中等,但是人均 GDP 与土地生态建设强度指数有很强的耦合。

表 4-7　研究区土地生态与工业化水平耦合关联度

土地生态状况	工业化综合指数 U	人均 GDP U1	非农产业比重 U2	工业结构比重 U3	非农产业人员比重 U4
基础条件指数	0.61（较强）	0.69（较强）	0.56（较强）	0.64（较强）	0.54（适度）
压力负荷指数	0.62（较强）	0.46（适度）	0.69（较强）	0.61（较强）	0.72（强）
建设强度指数	0.50（适度）	0.77（强）	0.50（适度）	0.61（较强）	0.47（适度）

三、工业化水平对土地生态的驱动分析

1. 典型相关分析(Canonical Correlation Analysis, CCA)

典型相关分析是一种用于研究两个或多个变量集合之间关系的统计方法(Hotelling, 1936)，每个变量集合至少包含两个变量。该分析方法是一般线性模型的多变量形式，其假设所有分析是相关的，通过对权重进行变量的推导和产出方差估计效应的大小来推导估计(郭志刚, 1999)。在使用广义线性模型(Generalized Linear Models, GLM)的情况下，值得注意的是必须通过协调标准化权重和结构系数来解释。

典型相关分析流程见图 4-5。

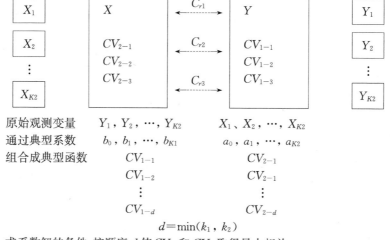

图 4-5　典型相关分析主要思路示意图(李昭阳, 2006)

2. 基于典型相关分析原理的驱动分析

结合典型相关分析原理,定义土地生态基础条件指数、压力负荷指数、建设强度指数为目标变量组 Y,定义工业化指标数据为解释变量组 X。在典型相关分析之前,为了消除量纲带来的影响,先对每组数据进行标准化处理。运用 SPSS 16.0 软件,调用典型相关分析(Cononical Correlation)组件,开展土地生态与工业化之间的典型相关分析。

通过典型相关分析对各个典型变量进行相关系数检验,其中前 2 个典型变量的 p 值小于 0.05,表明这 2 个典型变量判别的解释变量能清晰充分地解释相应目标变量的分布格局,具有统计学意义(宗玮,2012),其对应的相关系数分别为 0.652、0.566(表 4-8)。

表 4-8 典型相关系数及维数逐减检验结果(土地生态与工业化)

组数	典型相关系数	Wilk's	Chi-SQ	DF	Sig.
1	0.652	0.378	39.875	12.000	0.000
2	0.566	0.658	17.162	6.000	0.009
3	0.179	0.968	1.336	2.000	0.513

从冗余度分析结果可知,目标变量 Y 通过自身典型变量可解释比例累积为100%,目标变量 Y 变异通过 X 典型变量可解释比例累积 46.7%,表明了 X 对 Y 的变异具有一定的驱动作用(表 4-9)。结合典型相关系数检验,前 2 个典型变量通过精度检验,能解释目标变量 Y 的累积比例是 70.8%,目标变量 Y 变异可以通过变量 X 解释的累积比例为 45.8%,表明工业化对土地生态具有一定的驱动作用。

表 4-9 冗余度分析结果(土地生态与工业化)

组数	X 的变异可被自身典型变量所解释的比例	X 的变异可被相对典型变量所解释的比例	Y 的变异可被自身典型变量所解释的比例	Y 的变异可被相对典型变量所解释的比例
1	0.559	0.238	0.307	0.230
2	0.243	0.178	0.401	0.228
3	0.145	0.005	0.292	0.009

结合典型变量相关系数检验结果,仅对第 1 组典型变量、第 2 组典型变量进行解释变量分析。基于典型变量载荷矩阵分离各组变量,第 1 组典型变量分离出压力负荷指数,其典型载荷分别为 -0.601,对应的解释变量为非农产业比重、非农产业从业人员比重,其典型载荷分别为 0.632、0.605(表 4 - 10)。可知,典型变量 1 分离出的压力负荷指数与对应的解释变量呈负相关,表明非农产业比重、非农产业从业人员比重的增长会导致土地生态压力负荷指数的下降。

表 4 - 10　基于典型相关分析的典型载荷(土地生态与工业化)

变量组	变量名称	典型变量 1	典型变量 2	典型变量 3
目标变量组 Y	基础条件指数	-0.174	-0.467	-0.089
	压力负荷指数	-0.601	0.191	-0.035
	建设强度指数	0.010	0.362	-0.138
解释变量组 X	人均 GDP	0.149	0.518	-0.035
	非农产业比重	0.632	0.019	-0.043
	工业结构比重	-0.405	0.187	-0.124
	非农产业从业人员比重	0.605	0.091	-0.012

第 2 组典型变量主要分为基础条件指数、建设强度指数,这两个指数的典型载荷分别为 -0.467、0.362,对应的解释变量为人均 GDP,典型载荷为 0.518。可知,基础条件指数与对应的解释变量呈负相关,表明人均 GDP 的增长会导致土地生态基础条件指数的下降;建设强度指数与对应的解释变量呈正相关,表明人均 GDP 的增长会促进土地生态建设强度指数的提升。

综合前两组典型变量分离的目标变量以及对应的解释变量,可知研究区人均 GDP 的增长会导致土地生态基础条件指数的下降,土地生态基础条件会随着经济数量的增长而出现恶化趋势。但是,人均 GDP 的增长会推进土地建设强度指数的提升,地区工业化过程中,经济数量规模增加,土地生态建设投入的经济支持力度提升,会改善土地生态建设状况。非农产业比重、非农产业从业人员比重增长会导致压力负荷指数的降低,工业化过程中土地生态压力进一步加大,压力负荷指数下降。

第三节　土地生态与工业化水平耦合的空间差异

一、不同工业化阶段地区的空间差异

从工业化阶段分析,研究区土地生态基础条件指数在工业化 I 阶段呈小幅下降趋势,II 阶段基础条件指数总体平稳,III 阶段、IV 阶段呈波动下降趋势(图 4-6)。这表明,当工业化指数大于 0.45,工业生产导致非农产业比重急剧上升,土地利用程度提高,土地生态功能逐步退化,工业化对土地生态基础条件负向作用加剧;当工业化推进到 V 阶段,工业化对土地生态基础条件依然呈负向作用,但是作用强度开始减弱。土地生态压力负荷指数随着工业化的推进整体呈现小幅下降的趋势,在工业化 I 阶段、II 阶段,工业化进程对压力负荷指数影响不显著;但是当进入III 阶段,土地生态压力负荷指数受工业化影响加剧,非农产业尤其是第三产业比重增幅显著,人口集聚,土地生态承载能力下降,土地生态压力加剧,压力负荷指数降低;当工业化进入IV 阶段,工业化对土地生态压力影响程度逐步降低,压力负荷指数趋于平稳;工业化 V 阶段,

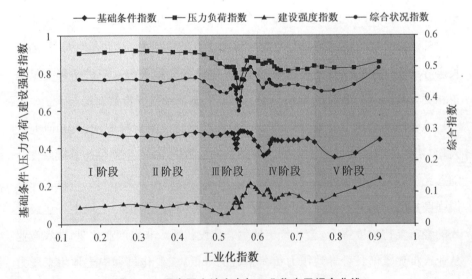

图 4-6　研究区土地生态与工业化水平耦合曲线

土地生态压力负荷指数呈小幅反弹。土地生态建设强度指数由早期的总体稳定发展转为波动上升的趋势,在工业化Ⅰ阶段、Ⅱ阶段,土地生态建设强度指数变化不显著,工业化对建设强度作用小;工业化Ⅲ阶段,土地生态建设强度受工业化驱动作用加剧,呈波动上升趋势;工业化Ⅳ阶段、Ⅴ阶段,经济条件进一步改善,土地生态保护意识开始显化,土地生态建设强度增强,建设强度指数呈现上升趋势。

　　土地生态综合状况指数反映了土地生态基础条件、压力负荷、建设强度的综合作用。从曲线形态分析,综合指数变化曲线与压力负荷指数相似,早期总体稳定,但是随着工业化进一步推进,土地生态综合指数呈现波动态势。工业化Ⅰ阶段、Ⅱ阶段,土地生态综合指数变化不大;工业化Ⅲ阶段,基础条件指数、压力负荷指数呈波动下降趋势,建设强度指数呈波动上升,综合指数受压力指数、建设强度指数变化驱动显著,当工业化指数大于 0.5 以后,生态建设强度指数上升趋势显著,导致综合指数出现了反弹上升波动;工业化Ⅳ阶段,基础条件指数、压力负荷指数、建设强度指数总体稳定,小幅下降,在叠加效应影响下,综合指数总体稳定,较初期略有下降;工业化Ⅴ阶段,工业化指数大于0.75,基础条件指数呈现下降后上升,压力负荷指数、建设强度指数持续上升,在叠加效应影响下,综合状况指数上升趋势显著,表明工业化水平发展到一定阶段后,对土地生态综合状况呈正向推动作用。

　　运用灰色关联模型测算不同工业化阶段土地生态与工业化耦合度。结果表明,在工业化Ⅰ阶段,土地生态基础条件指数与工业化指数关联度最高(0.65),压力负荷指数与工业化指数适度关联(0.52),建设强度指数与工业化指数关联度较弱(0.40),工业结构比重与压力负荷指数、人均 GDP 与建设强度指数耦合关联度很强,分别为 0.71、0.82;在工业化Ⅱ阶段,工业化指数与土地生态基础条件指数、压力负荷指数、建设强度指数耦合关联度分别为0.64、0.55、0.42,工业结构比重与压力负荷指数、人均 GDP 与建设强度指数耦合关联度很强,分别为 0.74、0.81;在工业化Ⅲ阶段,工业化指数与土地生态基础条件指数、压力负荷指数、建设强度指数耦合关联度分别为 0.61、0.63、0.50,压力负荷指数与工业化指数的耦合关联度增强,非农产业比重以及非农产业人员比重与压力负荷指数、人均 GDP 与建设强度指数关联度很强,分别为 0.73、0.75、0.81;在工业化Ⅳ阶段,工业化指数与土地生态基础条件指数、压力负荷指数、建设强度指数耦合关联度分别为 0.59、0.64、0.53,人均 GDP 与基础条件指数、非农产业比重以及非农产业人员比重与压力负荷指数、人均 GDP 与建设强度指数关联度很强,分别为 0.71、0.73、0.75、0.74;在工业化Ⅴ阶段,工业化指数与土地生态基础条件指数、压力负荷指数、建设强度指数耦合关联度分别为 0.57、0.68、0.57,非农产业比重以及非农产业人员比重与压力负荷指数关联度很强,分别为 0.73、0.75(表 4 - 11)。综合分析工业化阶段推进过程中,工业化与基础条件指数的关联度趋于减弱,与压力负荷指数、建设强度指数的耦合关联度趋于增强。

表 4 - 11 不同工业化阶段土地生态与工业化水平耦合度分析表

耦合项目	Ⅰ阶段耦合度	Ⅱ阶段耦合度	Ⅲ阶段耦合度	Ⅳ阶段耦合度	Ⅴ阶段耦合度
U_ES	0.65	0.64	0.61	0.59	0.57
U1_ES	0.63	0.69	0.69	0.71	0.59
U2_ES	0.67	0.69	0.55	0.51	0.53
U3_ES	0.62	0.55	0.65	0.64	0.65
U4_ES	0.69	0.65	0.53	0.49	0.48
U_EP	0.52	0.55	0.63	0.64	0.68
U1_EP	0.41	0.40	0.45	0.48	0.65
U2_EP	0.45	0.50	0.73	0.73	0.73
U3_EP	0.71	0.74	0.57	0.60	0.59
U4_EP	0.50	0.58	0.75	0.75	0.75
U_ER	0.40	0.42	0.50	0.53	0.57
U1_ER	0.82	0.81	0.81	0.74	0.56
U2_ER	0.70	0.62	0.45	0.48	0.51
U3_ER	0.42	0.40	0.68	0.62	0.60
U4_ER	0.61	0.53	0.43	0.46	0.47

注:U、U1、U2、U3、U4 分别代表工业化指数、人均 GDP、非农产业比重、工业结构比重、非农产业人员比重;ES、EP、ER 分别代表土地生态基础条件指数、压力负荷指数、建设强度指数。

基于各县域土地生态与工业化水平耦合关联度指数,本研究对不同阶段地区土地生态与工业化水平耦合空间差异进行分析(图 4 - 7)。结果表明:

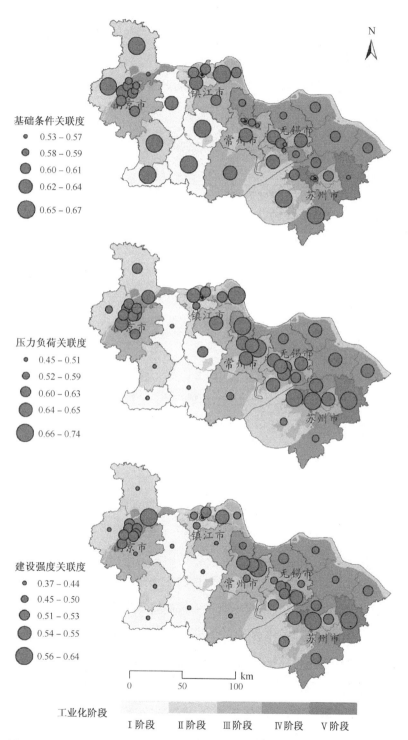

图 4-7　不同工业化阶段地区土地生态与工业化水平耦合关联度空间分布图

（1）随着工业化阶段的推进，工业化与土地生态基础条件耦合关联度总体表现为逐步减弱。在工业化Ⅰ阶段、Ⅱ阶段，不同县（市、区）之间任两者耦合关联度的空间差异不显著；在工业化Ⅲ阶段、Ⅳ阶段，空间差异表现为东部环太湖区关联度高于西部宁镇扬丘陵区，表明这两个阶段东部县域工业化对土地生态基础条件指数的影响更大；在工业化Ⅴ阶段，关联度空间差异不显著。

（2）随着工业化阶段的推进，工业化与土地生态压力负荷耦合关联度总体表现为逐步增强。在工业化Ⅰ阶段，常州金坛市关联度较高（0.67），其他县（市、区）耦合度空间差异不显著；在工业化Ⅱ阶段，工业化与压力负荷指数耦合度空间差异显著，南京六合区（0.64）高于其他县（市、区）；在工业化Ⅲ阶段，耦合关联度表现为镇江＞常州＞无锡＞苏州＞南京；在工业化Ⅳ阶段、Ⅴ阶段，工业化与土地生态压力负荷指数耦合关联度空间差异不显著。

（3）随着工业化阶段的推进，工业化与土地生态建设强度耦合关联度总体表现为逐步增强。在工业化Ⅰ阶段、Ⅱ阶段，不同县域之间的空间差异不显著；在工业化Ⅲ阶段，苏州、无锡耦合关联度高于南京、镇江、常州；在工业化Ⅳ阶段、Ⅴ阶段，工业化与土地生态建设强度指数耦合关联度空间差异不显著。

二、城乡梯度的空间差异

研究区涉及南京、苏州、无锡、常州、镇江五个设区市，根据各县（市、区）在设区市中所处的区域位置划分为城市区、城郊区、远郊区，分别探讨不同城乡功能区土地生态与工业化的耦合演变过程（图4-8）。

城市区工业化水平较发达，工业化指数集中在0.5～0.9。从耦合曲线分析，土地生态基础条件指数随着工业化的推进呈下降趋势，工业化的发展不可避免地对土地生态基础条件造成了负向作用，且由于城市区范围小，土地生态基础条件的修复能力相对较弱，基础条件指数下降趋势显著；土地生态压力负荷指数呈现先降后升并趋于稳定的变化趋势，工业化进入后工业化阶段初期，非农产业比重急剧上升，土地生态承载压力增加，导致压力负荷指数快速下降，但是随着工业化的进一步推进，城市区承载压力逐步向城郊区释放，土地

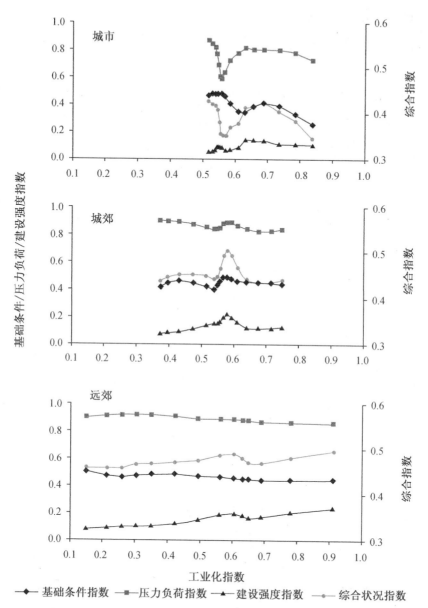

图 4 - 8 研究区不同城乡功能区土地生态与工业化水平耦合曲线

生态压力负荷指数出现反弹趋势;土地生态建设强度指数呈平稳上升趋势,表明在城市区工业化推进过程中,土地生态建设强度逐步加强,建设指数小幅上升。城市区土地生态综合状况指数随工业化推进,曲线波动幅度大,主要是因为基础条件指数受工业化影响大,尽管土地生态建设强度的加强在一定程度上遏制了土地生态综合状况的恶化趋势,但是城市区土地生态基础状况的不可逆性,导致土地生态综合状况下降趋势明显。因此,从保护城市区土地生态角度出发,在工业化发展过程中必须高度关注土地生态压力的有效释放,缓解土地生态压力、改善土地生态基础条件是提升土地生态综合状况的关键。

城郊区工业化指数位于 0.3～0.8 区间,较城市区工业化程度缓慢。从耦合曲线分析,土地生态基础条件指数变化平缓,先降后升,幅度小。土地生态压力负荷指数呈波动下降趋势,对比城市区变化曲线可知,城郊区是城市区的重要发展腹地,在城市发展过程中承载着城市的人口、产业等各要素的转移,因此,当城市区土地生态压力过大时,其会向城郊区疏散;另一方面,城市区会吸纳城郊区劳动力、资金等要素,导致城郊区物质要素的外流,因此,当城市区土地生态压力负荷指数下降时,城郊区土地生态压力负荷指数上升,反之当城市区压力负荷指数上升时,城郊区压力负荷指数下降。土地生态建设强度指数呈先升后降但总体小幅上升趋势,表明在工业化过程中,土地生态建设强度有所加强,突出表现在工业化指数处于 0.50～0.60 阶段。城郊区土地生态综合状况总体稳定,仅在工业化阶段向后工业化阶段演变过程中,土地生态状况出现短期波动,该阶段非农产业比重增加,区域经济发展程度明显提升,人们生态建设意识加强,城市区的强引力导致城郊区生态承载压力并未随着工业化的推进而同步增加,土地生态综合状况不降反升。从提升土地生态综合状况角度出发,城郊区必须解决好城市区的物质转移和功能替换等问题,通过增强土地生态承载能力来缓解城市区压力的向外转移。

远郊区工业化指数位于 0.1～1.0 区间,工业化程度差异显著。从耦合曲线分析,土地生态基础条件总体稳定,呈小幅下降趋势,表明工业化对地区土地生态环境造成了一定程度的负向作用;土地生态压力负荷指数呈小幅下降趋势,远郊区远离城市,城市发展对其辐射作用小,且区域范围大,纾解能力较强,因此,虽然工业化导致建设用地占比提高,但是对土地生态压力负向作用程度较弱,压力负荷指数呈缓慢下降趋势;土地生态建设强度指数呈上升趋势,表明远郊区经济发展程度逐步提高,土地生态建设的能力逐步加强,工业化程度越高,土地生态建设状况改善幅度越大。远郊区土地生态综合状况随工业化的推进呈上升趋势,基础条件指数、压力负荷指数总体稳定,土地生态综合状况指数变化曲线更多地体现了建设强度指数的变化规律。因此,从提升区域土地生态综合状况的角度出发,在工业化过程中,远郊区一方面应协调好土地生态基础状况的保护和生态压力的纾解,更多地应加强土地生态建设,促进区域土地生态综合状况提升。

综合不同城乡功能区土地生态与工业化耦合进程可知,随着工业化的推进,城市区土地生态综合状况受到严重威胁,土地生态基础条件的恶化以及生态压力的增强导致土地生态综合状况显著下降;城郊区是城市区的重要腹地,土地生态状况变化受城市区波动影响大;远郊区工业化推动了区域内土地生态建设能力的加强,对促进地区土地生态综合状况改善具有积极作用。

对比各城乡功能区土地生态与工业化耦合关联度可知,工业化指数与土地生态基础条件指数、压力负荷指数、建设强度指数差异接近,各城乡功能分区耦合关联度差异不显著(图4－9)。从工业化评价指标因子分析,城市区非

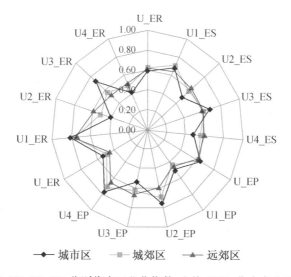

注:U、U1、U2、U3、U4分别代表工业化指数、人均GDP、非农产业比重、工业
　　结构比重、非农产业人员比重;ES、EP、ER分别代表土地生态基础条件指数、
　　压力负荷指数、建设强度指数。

图4－9　土地生态与工业化水平耦合关联度分析图

农产业比重、非农产业人员比重与土地生态基础条件指数、建设强度指数耦合关联度减弱;工业结构比重与压力负荷指数耦合关联度减弱,与建设强度指数耦合度增强。远郊区非农产业比重与压力负荷指数耦合关联度减弱,与建设强度指数增强。

基于各县域土地生态与工业化耦合关联度指数,叠加城乡功能区分布图,分析土地生态与工业化水平耦合城乡梯度空间差异(图4-10)。结果表明:

(1) 工业化与土地生态基础条件耦合关联度总体表现为远郊区＞城郊区＞城市区。苏州、无锡、常州城市区工业化与基础条件耦合关联度较小,镇江城市区耦合关联度较大,表明镇江城市区土地生态基础条件易受工业化进程的影响;城郊区工业化与土地生态基础条件耦合度空间差异不显著,南京六合区、浦口区耦合关联度较高;远郊区总体表现为西部丘陵区大于东部平原区,其中昆山市耦合关联度最低(0.53)。

(2) 工业化与土地生态压力负荷耦合关联度总体表现为城市区＞城郊区＞远郊区。在不同城乡功能区,均表现为苏州市、无锡市工业化与压力负荷耦合关联度略高于南京、镇江。

(3) 工业化与土地生态建设强度耦合关联度总体表现为城市区＞城郊区＞远郊区。在城市区,工业化与建设强度耦合关联度空间差异不显著;在城郊区,则表现为苏州、无锡耦合关联度显著高于南京市、镇江市;在远郊区,表现为苏州市、无锡市耦合关联度显著高于南京、镇江区域。

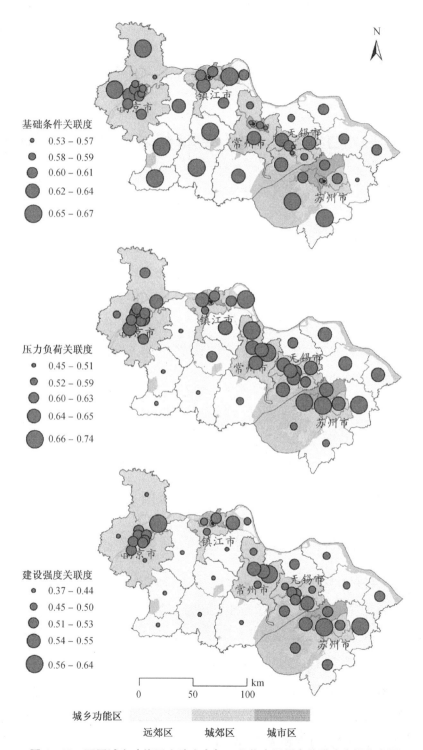

图4-10 不同城乡功能区土地生态与工业化水平耦合关联度空间分布图

第五章 / 土地生态与城镇化水平的空间耦合

首先,在分析研究区人口城镇化、土地城镇化水平的基础上,构建城镇化水平综合评价指标体系,对研究区不同区域所处的城镇化阶段进行划分与分析。其次,从全域层面分析土地生态与城镇化耦合作用,基于灰色关联度模型测算城镇化与土地生态之间的关联度,运用典型相关分析模型定量探讨城镇化对土地生态的驱动作用。最后,从城镇化阶段、城乡功能区角度分析土地生态与城镇化的耦合空间差异。

第一节 城镇化水平与阶段划分

一、人口城镇化、土地城镇化水平与阶段空间差异

(一)人口城镇化水平与阶段空间差异

人口城镇化是指区域内城镇人口占总人口的比例,相关理论发展较为成熟,是城镇化发展水平重要度量标准和研究基础。

国内外许多学者关注城镇化阶段研究,其中 Northam(1979)的"S"型曲线和 Logistic 增长模型(Mulligan, 2006)被广泛应用。Northam 研究发现城镇化发展过程具有规律性,形态近似一条"S"型曲线。根据曲线拐点可以进一步细分为三个阶段:第一阶段(初始阶段),城镇化低于 25%,曲线变化不显著,城镇化水平较低且发展缓慢;第二阶段(加速阶段),城镇化水平发展超过

25%，但是低于70%，该阶段城镇化水平急剧上升；第三阶段（最终阶段），城镇化水平发展超过70%，城镇化水平较高且发展平缓。从全域平衡来讲，城镇生产、生活的基础物资来自乡村，因此在城镇化发展过程中，城市必然需要保留一部分的乡村功能，城镇化水平不可能是无限增长的。1838年，沃赫斯特（Verhulst）在将马尔萨斯人口指数增长方程改进应用到有限资源环境中时，提出了Logistic增长模型，模拟了在资源限制状态下经济发展呈现"S"型增长的发展过程（Mulligan，2006）。由于该模型认为生态环境承载负荷是有极限的，约束条件下发展趋势研究比单调变化更能体现实际，因此该模型被广泛应用于生态学、人口学、流行病学、知识增长以及空间扩散等众多研究领域。

陈彦光（2012）、王建军等（2009）基于"S"型曲线和Logistic增长模型，推导各阶段拐点，认为城镇化加速阶段可以进一步细分为城镇化加速增快和减速增快两个阶段，由此，城镇化发展的"S"型曲线被进一步细分为城镇化初始阶段、城镇化加速增快阶段、城镇化减速增快阶段和城镇化饱和阶段（图5-1）。根据曲线方程推导，分段拐点D_1的城镇化发展加速度最大，D_m的城镇化发展速度最快（加速度为0），D_2的城镇化发展加速度最小。当城镇化开始发展时，城镇化速度逐渐提高，发展到D_1点时，加速度最大；当城镇化发展到D_1点之后，城镇化加速逐渐减小，但发展速度仍然在加快，到D_m点时，加速度降为

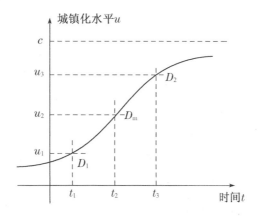

图5-1　城镇化 Logistic "S"型曲线特征点示意图（王建军 等，2009）

0,发展速度最快;当城镇化发展到 D_m 点之后,发展速度开始降低,到 D_2 点时,城镇化将以较低的发展速度进行,并逐步趋于稳定。

根据诸多学者关于城镇化三个阶段分界点的研究(王建军 等,2002;焦秀琦 等,1987),城镇化水平在 30% 以后,城镇化开始进入快速发展时期;城镇化水平在 70% 以后,城镇化开始进入稳定时期。D_m 的取值则与区域城镇化饱和程度有关,通常是饱和程度的一半,即假定城镇化饱和程度为 100%,则 $D_m = 50\%$。由研究区各县域城镇化发展水平来看,区域内城镇化饱和程度可以达到 100%,因此本研究 D_m 取值为 50%。

按照 30%、50%、70% 的分段点对研究区各县域人口城镇化阶段进行评价。研究依据统计年鉴以及第六次人口普查数据,按照城镇常住人口与总人口的比重测算各县市区的人口城镇化水平,结果表明研究区人口城镇化可以分为加速阶段、减速阶段以及饱和阶段。其中加速阶段主要分布在南京市六合区、高淳区、溧水区,无锡宜兴市,常州溧阳市,镇江句容市、丹徒区,人口城镇化平均水平为 49.11%,占研究区总面积的 27.94%;减速阶段主要分布在南京市浦口区、江宁区,苏州市、无锡市的大部分郊区,人口城镇化平均水平为61.08%,占研究区总面积的 63.00%;饱和阶段主要分布在南京、苏州、无锡、常州、镇江的主城区,人口城镇化平均水平为 94.99%,占研究区总面积的9.06%。

(二)土地城镇化水平与阶段空间差异

土地城镇化是城镇化的重要组成内容之一。中国城镇化正进入快速阶段,城镇化率从 20% 到 40% 仅用了 22 年的时间,比发达国家平均水平快了 1 倍多,冒进式城镇化以及空间失控趋势严重(陆大道 等,2007),人口城镇化与土地城镇化在空间上存在着不协调现象(曹文莉 等,2012;田莉,2011;陶然 等,2008),人口城镇化滞后于土地城镇化,不利于土地资源利用效率的提升。就土地城镇化内涵而言,土地城镇化主要集中在两个方面,一是土地形态上的转变,二是土地权属上的转变。吕萍(2008)认为,土地城镇化是土地形态上农村到城市的转变,可以用区域建成区面积占总面积的比例来衡量;鲁德银

(2010)则认为,土地城镇化应该从权属角度进行解读,是农村土地向城镇用途土地的转变过程。

如何衡量土地城镇化,这一问题在学术界存在争议,归纳起来有以下几类:(1) 城镇土地面积占区域总面积的比重(张飞 等,2014;吕萍,2008);(2) 城镇工矿面积占城乡建设用地总面积的比重(刘耀林 等,2014;李昕 等,2012;林坚,2009);(3) 运用综合评价指标体系,从投入产出、景观等角度综合评价土地城镇化水平(曹文莉 等,2012;陈凤桂 等,2010)。考虑到土地城镇化率是对应人口城镇化、反映城镇化水平的测度指标,应该区别于纯粹的农地非农化的概念,不能简单地以城镇土地面积占区域总面积的比重来测算。运用综合评价指标体系衡量土地城镇化水平,侧重于土地利用效率的评价,以土地利用效益、集约利用程度来反映农村土地向城镇土地的转变,包含内容会更加全面,然而由于研究另有章节阐述城镇化综合指数与土地生态的耦合作用关系,此处将土地的经济属性予以剥离,土地城镇化纯粹地被认为是土地利用形态的转变。上述第二种测算方法体现了城乡建设用地内部结构之间的关系,反映了土地用途形态的转变,但是由于工矿用地更多地体现在工业经济建设,部分工矿用地会独立于城镇建制镇范围,因此在研究土地城镇化率时,将工矿用地予以剥离,即土地城镇化率=城镇土地面积/(城镇土地面积+农村居民点用地面积)。

根据研究区土地利用现状,测算各县土地城镇化率,并比照人口城镇化阶段划分为初始阶段(<30%)、加速阶段(30%～50%)、减速阶段(50%～70%)、饱和阶段(≥70%)。

土地城镇化初始阶段主要位于南京高淳区、无锡江阴市和镇江丹徒区,平均土地城镇化率为24.42%,占研究区总面积的8.54%;加速阶段主要分布在南京溧水区、六合区、高淳区,无锡宜兴市,常州溧阳市,镇江句容市、丹阳市,苏州常熟市,平均土地城镇化率为40.72%,占研究区总面积的39.50%;减速阶段主要位于南京市江宁区、浦口区,无锡吴江市、太仓市、张家港市,常州武进区等,平均土地城镇化率为56.75%,占研究区总面积的28.90%;饱和阶段主要位于南京、苏州、无锡、常州、镇江主城区,平均土地城镇化率为67.27%,

占研究区总面积的 23.06%（图 5 - 2）。

对比人口城镇化、土地城镇化，两种划分结果总体较为一致，相对人口城镇化而言，土地城镇化县域差距较大。部分县市区人口城镇化阶段和土地城镇化阶段不一致，经济高速发展，在城乡统筹战略部署下，近几年城镇建设力度大，土地城镇化率高，人口城镇化滞后于土地城镇化；"苏南模式"分布下乡镇企业蓬勃发展，但大量乡村企业在土地用途形态上仍归为农村土地，因此土地城镇化相对滞后，土地城镇化滞后于人口城镇化；此外，部分县市区分布在城市中心区外围，是主城区重要的发展腹地，处于城镇逐步扩展阶段，土地城镇化相对其他成熟区域滞后。

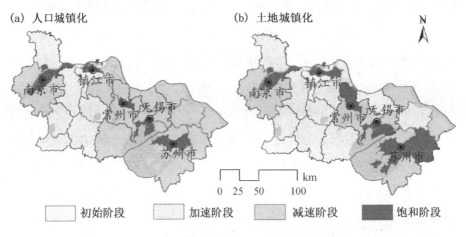

图 5 - 2　研究区城镇化水平空间分布图

二、综合评价城镇化水平与阶段空间差异

人口城镇化、土地城镇化分别从人口分布、土地分布两个角度评价了土地城镇化水平，然而城镇化是一个综合概念，且人口城镇化与土地城镇化不一致现象普遍存在（王亚华 等，2017），因此，需要构建综合评价指标体系来综合评定研究区城镇化水平。城镇区别于乡村的重要内容之一就是商业的繁华程度，城镇人口的集聚必然会导致服务于大量城镇人口的商业、服务业产生，因此，本研究在分析人口城镇化、土地城镇化的基础上，增加第三产业因素，构建

城镇化水平综合评价指标体系(表 5-1)。

表 5-1　城镇化水平综合评价指标体系

指标	权重	指标属性
人口城镇化率	0.291	正向
土地城镇化率	0.244	正向
第三产业增加值比重	0.264	正向
第三产业从业人员比重	0.201	正向

　　由城镇化综合指数测算结果可知,研究区城镇化指数平均值约为 0.45,标准差为 0.29,变异系数为 64.44%,空间差异显著(表 5-2)。城镇化指数最小值为 0.06,位于南京市高淳区;最大值为 0.99,位于南京市鼓楼区。分析城镇化指数统计特征,研究区城镇化指数偏左侧分布,根据频率直方图可划定 5 个城镇化阶段(表 5-3、图 5-3、图 5-4):(1)城镇化Ⅰ阶段,城镇化指数<0.15,主要分布在西部宁镇扬丘陵区,分布规模占研究区 37.28%。该区域平均城镇化指数为 0.11,城镇化程度低,人口城镇化率、土地城镇化率、第三产业增加值比重、第三产业从业人员比重等指标均低于研究区平均水平,第三产业发展相对滞后。(2)城镇化Ⅱ阶段,0.15≤城镇化指数<0.35,广泛分布于研究区,分布规模占研究区 53.66%。该区平均城镇化指数为 0.25,城镇化各评价指标较Ⅰ阶段略有提升,但是第三产业从业人员比重仍然较低。(3)城镇化Ⅲ阶段,0.35≤城镇化指数<0.55,主要分布在南京、无锡、苏州城郊区域,分布规模占 5.42%。该区平均城镇化指数为 0.44,人口城镇化率、土地城镇化率等指标提升显著,但是第三产业增加值比重提升幅度不显著。(4)城镇化Ⅳ阶段,0.55≤城镇化指数<0.75,主要分布在南京、镇江、常州、无锡、苏州中心城区,分布规模占 2.75%。该区平均城镇化指数为 0.67,城镇化水平高。(5)城镇化Ⅴ阶段,城镇化指数≥0.75,主要分布在南京市老城区,分布规模占 0.89%。该区平均城镇化指数为 0.90,是研究区城镇化程度最高的区域,人口城镇化率达到了 100%,城镇建设用地占比高,且第三产业增加值和从业人员比重均非常高。

表 5 - 2 研究区城镇化评价基础数据统计表

行政区名称	基础数据				基于单项指标评价		基于综合评价	
	人口城镇化率（%）	土地城镇化率（%）	第三产业增加值比重（%）	第三产业从业人员比重（%）	按人口城镇化	按土地城镇化	综合城镇化指数	城镇化阶段
南京市								
玄武区	100.00	97.68	91.30	73.80	饱和阶段	饱和阶段	0.95	V阶段
白下区	100.00	96.90	90.20	76.79	饱和阶段	饱和阶段	0.96	V阶段
秦淮区	100.00	99.49	73.50	71.09	饱和阶段	饱和阶段	0.88	V阶段
建邺区	100.00	77.80	43.50	66.96	饱和阶段	饱和阶段	0.69	IV阶段
鼓楼区	100.00	99.19	91.70	83.37	饱和阶段	饱和阶段	0.99	V阶段
下关区	100.00	98.59	82.50	73.25	饱和阶段	饱和阶段	0.92	V阶段
浦口区	63.81	51.26	38.40	44.39	减速阶段	减速阶段	0.31	II阶段
栖霞区	74.94	77.33	26.40	49.55	饱和阶段	饱和阶段	0.42	III阶段
雨花台区	88.63	54.48	57.60	58.37	饱和阶段	减速阶段	0.58	IV阶段
江宁区	64.14	58.36	38.20	39.37	减速阶段	减速阶段	0.32	II阶段
六合区	49.45	39.82	25.10	31.88	加速阶段	加速阶段	0.10	I阶段
溧水区	49.21	38.85	32.00	35.52	加速阶段	加速阶段	0.14	I阶段
高淳区	48.98	19.23	38.80	21.49	加速阶段	初始阶段	0.06	I阶段
无锡市								
崇安区	100.00	98.61	93.50	67.30	饱和阶段	饱和阶段	0.94	V阶段
南长区	100.00	100.00	66.60	58.42	饱和阶段	饱和阶段	0.82	V阶段
北塘区	100.00	88.26	71.50	59.89	饱和阶段	饱和阶段	0.80	V阶段
锡山区	63.95	54.27	41.00	27.20	减速阶段	减速阶段	0.27	II阶段
惠山区	64.21	54.72	33.50	26.38	减速阶段	减速阶段	0.24	II阶段
滨湖区	76.19	79.04	50.50	37.03	饱和阶段	饱和阶段	0.49	III阶段
江阴市	63.55	27.28	41.10	30.60	减速阶段	初始阶段	0.20	II阶段
宜兴市	57.49	39.73	42.10	29.92	减速阶段	加速阶段	0.21	II阶段
新区	63.95	87.58	33.50	27.20	减速阶段	饱和阶段	0.34	II阶段
常州市								
天宁区	100.00	95.94	68.00	54.89	饱和阶段	饱和阶段	0.80	V阶段
钟楼区	100.00	89.35	53.30	56.32	饱和阶段	饱和阶段	0.72	IV阶段
戚墅堰区	100.00	76.44	30.30	28.46	饱和阶段	饱和阶段	0.51	III阶段
新北区	53.03	70.96	35.70	29.69	减速阶段	饱和阶段	0.25	II阶段
武进区	52.07	51.32	37.00	26.36	减速阶段	减速阶段	0.18	II阶段
溧阳市	49.27	42.92	38.20	28.55	加速阶段	加速阶段	0.15	I阶段
金坛市	49.89	45.19	39.70	26.22	加速阶段	加速阶段	0.16	II阶段

（续表）

行政区名称	基础数据				基于单项指标评价		基于综合评价	
	人口城镇化率（%）	土地城镇化率（%）	第三产业增加值比重（%）	第三产业从业人员比重（%）	按人口城镇化	按土地城镇化	综合城镇化指数	城镇化阶段
苏州市								
姑苏区	100.00	95.43	45.50	48.31	饱和阶段	饱和阶段	0.69	Ⅳ阶段
高新区	82.26	81.47	45.50	33.22	饱和阶段	饱和阶段	0.50	Ⅲ阶段
吴中区	66.21	70.45	45.50	31.65	减速阶段	饱和阶段	0.37	Ⅲ阶段
相城区	65.06	65.23	45.50	30.98	减速阶段	减速阶段	0.34	Ⅱ阶段
苏州工业园区	96.42	96.03	45.50	30.98	饱和阶段	饱和阶段	0.61	Ⅳ阶段
常熟市	61.51	40.37	44.70	30.29	减速阶段	加速阶段	0.24	Ⅱ阶段
张家港市	61.14	57.99	41.40	27.93	减速阶段	减速阶段	0.27	Ⅱ阶段
昆山市	67.98	78.19	39.20	29.33	减速阶段	饱和阶段	0.37	Ⅲ阶段
吴江市	61.37	63.28	40.60	23.82	减速阶段	减速阶段	0.27	Ⅱ阶段
太仓市	61.13	56.60	42.00	31.88	减速阶段	减速阶段	0.28	Ⅱ阶段
镇江市								
京口区	87.24	86.21	66.00	48.88	饱和阶段	饱和阶段	0.67	Ⅳ阶段
润州区	94.13	89.22	57.20	57.11	饱和阶段	饱和阶段	0.71	Ⅳ阶段
丹徒区	48.51	26.76	38.10	30.68	加速阶段	初始阶段	0.10	Ⅰ阶段
镇江新区	64.20	72.40	25.60	30.68	减速阶段	饱和阶段	0.28	Ⅱ阶段
丹阳市	52.12	44.72	40.70	31.48	减速阶段	加速阶段	0.19	Ⅱ阶段
扬中市	53.68	38.85	40.50	33.61	减速阶段	加速阶段	0.19	Ⅱ阶段
句容市	48.47	36.01	37.80	28.49	加速阶段	加速阶段	0.12	Ⅰ阶段

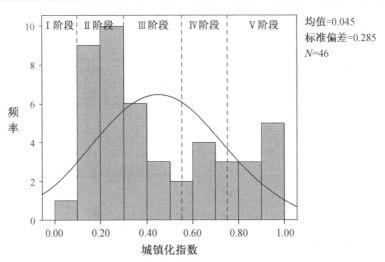

图 5-3 基于城镇化综合指数的阶段划分标准示意图

表 5‑3　研究区城镇化水平综合分区基础数据统计表

城镇化阶段	人口城镇化率（%）	土地城镇化率（%）	第三产业增加值比重（%）	第三产业从业人员比重（%）	城镇化指数	面积比重（%）
Ⅰ阶段	50.17	38.37	36.79	29.43	0.11	37.28
Ⅱ阶段	62.67	59.29	39.25	30.71	0.25	53.66
Ⅲ阶段	84.40	73.75	42.06	41.33	0.44	5.42
Ⅳ阶段	96.83	90.00	54.14	51.92	0.67	2.75
Ⅴ阶段	100.00	97.34	82.60	70.49	0.90	0.89
研究区	**74.00**	**67.60**	**48.83**	**41.73**	**0.45**	**100.00**

　　对比人口城镇化、土地城镇化空间分布，研究区人口城镇化进程要快于土地城镇化进程，在快速人口城镇化过程中，土地城镇化、经济城镇化没有同步跟上。采用综合评价指数测度城镇化水平，进一步扩大了城乡梯度差异，尽管部分地区城镇化水平高，但是就研究区整体而言，城镇化水平尚处于持续发展阶段，在今后一段时期内，推进城镇化依然是区域发展的主旋律。

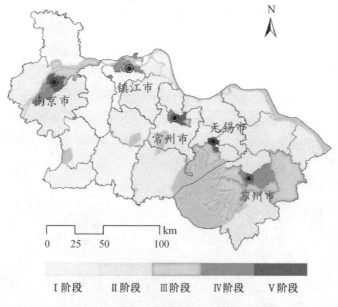

图 5‑4　研究区城镇化水平综合分区图

第二节　土地生态与城镇化水平的耦合作用

一、土地生态与城镇化水平的耦合进程

　　基于城镇化综合指数,本研究研究区分为加速阶段、减速阶段和饱和阶段,按阶段分析土地生态状况:在城镇化Ⅰ阶段,平均城镇化指数为 0.11,基础条件指数为 0.46,压力负荷指数为 0.91,建设强度指数为 0.09,综合状况指数为 0.46,土地生态综合状况较好;在城镇化Ⅱ阶段,平均城镇化指数为0.25,基础条件指数为 0.45,压力负荷指数为 0.88,建设强度指数为 0.15,综合状况指数为 0.47;在城镇化Ⅲ阶段,平均城镇化指数为 0.44,基础条件指数为 0.44,压力负荷指数为 0.86,建设强度指数为 0.18,综合状况指数为 0.47;在城镇化Ⅳ阶段,平均城镇化指数为 0.67,基础条件指数为 0.40,压力负荷指数为 0.82,建设强度指数为 0.13,综合状况指数为 0.43;在城镇化Ⅴ阶段,平均城镇化指数为 0.90,基础条件指数为 0.45,压力负荷指数为 0.69,建设强度指数为 0.05,综合状况指数为 0.36(表 5-4)。

　　以各阶段土地生态及城镇化指数平均值为样点数据,拟合城镇化阶段推进过程中土地生态的变化趋势。由图 5-5 可知,研究区土地生态基础条件指数与城镇化指数拟合度差($R^2=0.20, p=0.402$),城镇化阶段推进过程中,基础条件状况呈先降后升的态势,呈 U 型分布;土地生态压力负荷指数与城镇化指数呈持续下降态势($R^2=0.94, p=0.028$),表现为城镇化水平提升导致土地生态承载负荷能力下降;土地生态建设强度指数与城镇化指数呈倒 U 型分布($R^2=0.94, p=0.029$),表现为先升后降的态势;叠加基础条件、压力负荷、建设强度与城镇化的变化趋势,研究区土地生态综合状况与城镇化指数呈现倒 U 型分布($R^2=0.99, p=0.001$),表现为在城镇化阶段推进过程中,土地生态综合状况总体呈现先提升后下降的趋势。

表 5 - 4　研究区城镇化分阶段汇总表

城镇化阶段	城镇化指数	基础条件指数	压力负荷指数	建设强度指数	综合状况指数
Ⅰ阶段	0.11	0.46	0.91	0.09	0.46
Ⅱ阶段	0.25	0.45	0.88	0.15	0.47
Ⅲ阶段	0.44	0.44	0.86	0.18	0.47
Ⅳ阶段	0.67	0.40	0.82	0.13	0.43
Ⅴ阶段	0.90	0.45	0.69	0.05	0.36
研究区	**0.45**	**0.44**	**0.83**	**0.13**	**0.44**

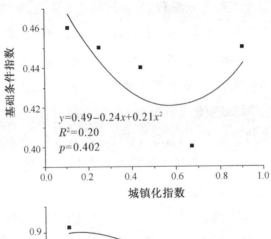

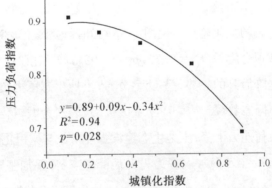

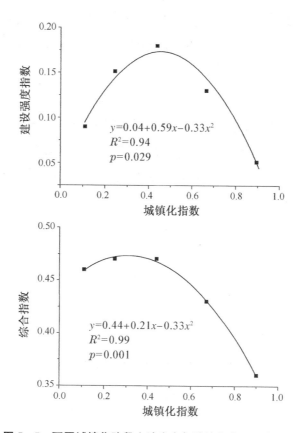

图 5-5 不同城镇化阶段土地生态与城镇化水平拟合曲线

二、土地生态与城镇化水平的耦合关联

城镇化是表征区域发展的另一重要指标,将城镇化和土地生态看作两个子系统,两者之间相互作用,一方面,城镇化进程在对土地生态产生胁迫的同时,发展到一定程度有可能会推进土地生态建设,促进土地生态环境保护;另一方面,土地生态环境作为经济发展的环境载体,制约着城镇化发展水平。

研究运用灰色关联度模型测算城镇化与土地生态之间的关联度(表5-5),结果表明城镇化与土地生态基础条件指数耦合关联度为 0.63,耦合度较强,城镇化程度各评价指标与土地生态基础条件指数耦合度序列为第三产业增加值比重>第三产业从业人员比重>土地城镇化率=人口城镇化率,表明第三产业的繁荣程度对土地生态基础条件影响较大；城镇化与土地生态压力负荷指数耦合关联度为 0.62,耦合度较强,城镇化程度各评价指标与土地生态压力负荷指数耦合度序列为土地城镇化率＞人口城镇化率＞第三产业增加值比重＞第三产业从业人员比重,表明土地城镇化对地区土地生态压力状况影响较大,土地城镇化程度越高,建设占比越大,生态用地占比越低,土地生态承载压力越大；人口城镇化与土地生态压力负荷指数耦合度为 0.64,耦合度较强；城镇化与土地生态建设强度指数耦合关联度为 0.49,适度耦合；城镇化程度各评价指标与土地生态建设强度指数耦合度序列为第三产业从业人员比重＞第三产业增加值比重＞人口城镇化率＞土地城镇化率,第三产业从业人员比重、第三产业增加值比重耦合度强,分别达到了 0.72、0.71。总之,城镇化与土地生态基础条件指数、压力负荷指数关联度较强,与建设强度指数关联度适中,但是第三产业增加值比重以及第三产业从业人员比重与土地生态建设状况有很强的耦合关联性。

表 5-5　研究区土地生态与城镇化水平耦合关联度

土地生态状况	城镇化综合指数 U	人口城镇化率 U1	土地城镇化率 U2	第三产业增加值比重 U3	第三产业从业人员比重 U4
基础条件指数	0.63（较强）	0.60（较强）	0.60（较强）	0.66（较强）	0.65（较强）
压力负荷指数	0.62（较强）	0.64（较强）	0.71（强）	0.57（较强）	0.56（较强）
建设强度指数	0.49（适度）	0.65（较强）	0.58（较强）	0.71（强）	0.72（强）

三、城镇化水平对土地生态的驱动分析

将城镇化评价指标定义为解释变量组 X,土地生态状况指标定义为目标变量组 Y,通过典型相关分析对各个典型变量进行相关系数检验(表 5-6),第 1 组典型变量、第 2 组典型变量的 p 值小于 0.05,表明这两个典型变量能清晰、充分地解释相应目标变量的分布格局,具有统计学意义,其对应的相关系数分别为 0.767、0.589。

表 5-6　典型相关系数及维数逐减检验结果（土地生态与城镇化）

组数	典型相关系数	Wilk's	Chi-SQ	DF	Sig.
1	0.767	0.261	55.076	12	0.000
2	0.589	0.633	18.725	6	0.005
3	0.171	0.971	1.222	2	0.543

从冗余度分析结果可知，目标变量 Y 变异通过自身典型变量可解释比例累积为 100.00%，目标变量 Y 变异通过 X 典型变量可解释比例累积为 57.2%，表明了 X 对 Y 的变异具有一定的驱动作用（表 5-7）。结合典型相关系数检验，前两个典型变量通过精度检验，能解释目标变量 Y 的累积比例是 76.1%，目标变量 Y 变异可以通过变量 X 解释的累积比例为 56.5%，表明城镇化对土地生态具有一定的驱动作用。

表 5-7　冗余度分析结果（土地生态与城镇化）

组数	X 的变异可被自身典型变量所解释的比例	X 的变异可被相对典型变量所解释的比例	Y 的变异可被自身典型变量所解释的比例	Y 的变异可被相对典型变量所解释的比例
1	0.811	0.577	0.418	0.346
2	0.086	0.030	0.343	0.219
3	0.036	0.001	0.239	0.007

结合典型变量相关系数检验结果，仅对第 1 组典型变量、第 2 组典型变量进行解释变量分析。基于典型变量载荷矩阵分离各组变量，第 1 组典型变量分离出压力负荷指数，其典型载荷为 -0.746，对应的解释变量为第三产业从业人员比重、人口城镇化率，其典型载荷分别为 0.740、0.704（表 5-8）。可知，典型变量 1 分离的压力负荷指数与对应的解释变量呈负相关，第三产业从业人员比重的增长以及人口城镇化的推进会导致土地生态压力负荷指数的下降，表明在城镇化过程中人口城镇化以及第三产业从业人员比重的增加会导致人口集聚，进而导致建设用地比重增加、土地污染现象加剧，加大土地生态承载压力，从而导致土地生态压力负荷指数的降低。

表 5-8 基于典型相关分析的典型载荷(土地生态与城镇化)

变量组	变量名称	典型变量 1	典型变量 2	典型变量 3
目标变量组 Y	基础条件指数	-0.066	-0.416	0.121
	压力负荷指数	-0.746	-0.087	-0.030
	建设强度指数	-0.419	0.421	0.075
解释变量组 X	人口城镇化率	0.704	0.128	-0.053
	土地城镇化率	0.631	0.287	0.013
	第三产业增加值比重	0.684	0.022	0.031
	第三产业从业人员比重	0.740	-0.143	0.015

第 2 组典型变量可分离出基础条件指数、建设强度指数,其典型载荷分别为-0.416、0.421,对应的解释变量为土地城镇化率,典型载荷为 0.287。可知,土地生态基础条件指数与其对应的解释变量呈反比,表明在城镇化过程中,随着土地城镇化程度的加大,建设用地进一步扩大,耕地、生态用地占比下降,土地生态基础条件状况呈下降趋势,基础条件指数减小;建设强度指数与对应的解释变量呈正比,表明在土地城镇化过程中,土地生态建设强度随着城镇化的推进而趋于改善。

综合前两组典型变量分离的目标变量以及对应的解释变量,可知研究区土地生态压力负荷指数随着城镇化的推进而降低,人口城镇化率、第三产业从业人员比重对加大土地生态承载压力、降低土地生态压力负荷指数驱动作用显著;在城镇化过程中,土地城镇化对土地生态基础条件指数呈负向驱动作用,而对建设强度指数则呈正向驱动作用。

第三节 土地生态与城镇化水平耦合的空间差异

一、不同城镇化阶段地区的空间差异

从城镇化阶段分析,研究区土地生态基础条件指数在城镇化Ⅰ阶段呈下降趋势,在城镇化Ⅱ阶段呈小幅下降趋势,在城镇化Ⅲ阶段、Ⅳ阶段总体稳定,当城镇化进入Ⅴ阶段,土地生态基础条件指数波动加大,基础条件状况略有改

善(图5-6)。土地生态压力负荷指数随着城镇化的推进整体呈现显著下降
的趋势,在城镇化Ⅰ阶段,城镇化对压力负荷的作用效应不显著,压力负荷指
数平稳;在城镇化Ⅱ阶段,城镇化进程对压力负荷指数的影响加剧,呈波动下
降趋势;在城镇化Ⅲ阶段、Ⅳ阶段,随着城镇化进程的推进,人口集聚,商服配
套设施加强,城镇人口比重加大,建设用地占比上升,非农产业尤其是第三产
业快速发展,土地生态承载压力逐步加大,土地生态压力负荷指数逐步下降;
当城镇化进入Ⅴ阶段,土地生态压力负荷指数呈先降后升的趋势。土地生态
建设强度指数呈现先升后降的趋势,在城镇化Ⅰ阶段、Ⅱ阶段,土地生态建设
强度指数显著上升,城镇化对建设强度的正向驱动作用显著;城镇化Ⅲ阶段、
Ⅳ阶段、Ⅴ阶段,城镇化的推进反而会对生态建设强度起到限制作用,在城镇
化建设过程中,为了满足城镇人口的生产、生活需求,往往牺牲了生态空间的
建设和需求,土地非农化进程加快,生态土地被建设用地占用,导致土地生态
功能出现退化,土地生态建设强度指数降幅明显。

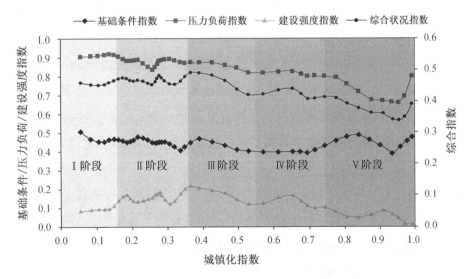

图5-6　研究区土地生态与城镇化水平耦合曲线

土地生态综合状况指数反映了土地生态基础条件、压力负荷、建设强度的
综合效应,从曲线形态分析,早期呈小幅上升趋势,但是随着城镇化进一步推
进,土地生态综合指数呈现波动下降态势。在城镇化Ⅰ阶段、Ⅱ阶段,城镇化

指数<0.35,该阶段土地生态基础条件、压力负荷指数小幅下降,而建设强度指数呈上升趋势,且生态建设改善效应优于基础条件指数和压力负荷指数的减小,在综合作用下,土地生态状况总体平稳且小幅提升;在城镇化Ⅲ阶段,基础条件指数基本稳定,压力负荷指数小幅下降,建设强度指数呈小幅下降趋势,叠加压力负荷指数、建设强度指数的下降趋势,土地生态综合指数呈下降趋势,且下降幅度高于土地生态压力负荷指数和建设强度指数的变化程度;在城镇化Ⅳ阶段,该阶段基础条件指数呈波动上升趋势,压力负荷指数、建设强度指数呈下降趋势,尽管土地生态基础状况有所改善,但是由于压力持续加强以及生态建设效应的显著弱化,土地生态综合状况呈下降趋势;在城镇化Ⅴ阶段,该阶段基础条件指数呈波动上升趋势,压力负荷指数呈先降后升趋势,建设强度指数呈下降趋势,综合效应下的土地生态综合指数呈现先降后升的趋势。

运用灰色关联模型测算不同城镇化阶段土地生态与城镇化水平耦合度,结果表明,在城镇化Ⅰ阶段,城镇化指数与土地生态基础条件指数、压力负荷指数关联度较强,分别为0.68、0.69,与建设强度指数关联度较弱(0.36),土地城镇化率与压力负荷指数、人口城镇化率与建设强度指数耦合关联度很强,分别为0.73、0.77;在城镇化Ⅱ阶段,城镇化指数与土地生态基础条件指数、压力负荷指数、建设强度指数耦合关联度分别为0.66、0.58、0.40;在城镇化Ⅲ阶段,城镇化指数与土地生态基础条件指数、压力负荷指数、建设强度指数耦合关联度分别为0.64、0.58、0.45,土地城镇化率与压力负荷指数、第三产业增加值比重及第三产业从业人员比重与建设强度指数耦合关联度很强,分别为0.73、0.76、0.71;在城镇化Ⅳ阶段,城镇化指数与土地生态基础条件指数、压力负荷指数、建设强度指数耦合关联度分别为0.60、0.61、0.54,人口城镇化率与压力负荷指数、第三产业增加值比重与建设强度指数关联度很强,分别为0.73、0.72;在城镇化Ⅴ阶段,城镇化指数与土地生态基础条件指数、压力负荷指数、建设强度指数耦合关联度分别为0.55、0.70、0.74,城镇化指数与压力负荷指数、建设强度指数关联度增强,人口城镇化率、土地城镇化率与土地生态压力负荷指数耦合关联度很强,分别为0.76、0.74,城镇化各项评价指标对土地生态建设强度驱动作用大(表5-9)。综合分析发现,在城镇化阶段推进过程中城镇化与基础条件指数的关联度趋于减弱,与压力负荷指数、建设强度指数的耦合关联度趋于增强。

表5-9　不同城镇化阶段地区土地生态与城镇化水平耦合度分析表

耦合项目	Ⅰ阶段耦合度	Ⅱ阶段耦合度	Ⅲ阶段耦合度	Ⅳ阶段耦合度	Ⅴ阶段耦合度
U_ES	0.68	0.66	0.64	0.60	0.55
U1_ES	0.63	0.66	0.62	0.51	0.50
U2_ES	0.70	0.64	0.57	0.55	0.52
U3_ES	0.70	0.67	0.68	0.69	0.58
U4_ES	0.69	0.66	0.67	0.65	0.61
U_EP	0.69	0.58	0.58	0.61	0.70
U1_EP	0.63	0.56	0.64	0.73	0.76
U2_EP	0.73	0.69	0.73	0.69	0.74
U3_EP	0.70	0.55	0.47	0.51	0.66
U4_EP	0.69	0.52	0.48	0.53	0.63
U_ER	0.36	0.40	0.45	0.54	0.74
U1_ER	0.77	0.65	0.55	0.49	0.73
U2_ER	0.61	0.53	0.48	0.55	0.75
U3_ER	0.66	0.66	0.76	0.72	0.83
U4_ER	0.67	0.70	0.71	0.64	0.86

注:U、U1、U2、U3、U4分别代表城镇化指数、人口城镇化率、土地城镇化率、第三产业增加值比重、第三产业从业人员比重;ES、EP、ER分别代表土地生态基础条件指数、压力负荷指数、建设强度指数。

　　基于各县市区土地生态与城镇化耦合关联度指数,分析不同阶段地区土地生态与城镇化水平耦合空间差异(图5-7)。结果表明:

　　(1)城镇化水平与土地生态基础条件耦合关联度总体表现为,随着城镇化阶段的推进,耦合关联度逐步减弱。在城镇化Ⅰ阶段,不同县域之间空间差异不显著,南京市高淳区耦合度最小(0.62);在城镇化Ⅱ阶段,城镇化与基础条件耦合空间差异显著,总体表现为西部宁镇扬丘陵区耦合关联度大于东部

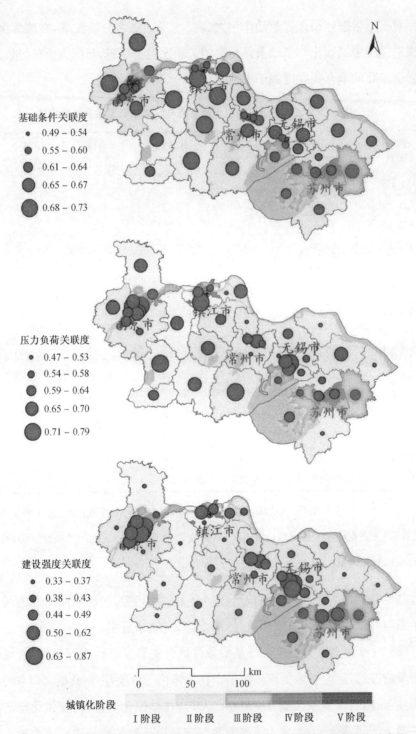

图 5-7　不同城镇化阶段地区土地生态与城镇化水平耦合关联度空间分布图

平原地区,表明在当前城镇化阶段,宁镇扬丘陵区自然基础条件容易受到城镇化进程的影响;在城镇化Ⅲ阶段,两者耦合关联度空间差异不显著;在城镇化Ⅳ阶段,空间差异表现为苏州市、南京市耦合关联度大于镇江市、常州市;在城镇化Ⅴ阶段,关联度空间差异不显著,城镇化与土地生态基础条件耦合关联度均比较小。

(2)城镇化水平与土地生态压力负荷耦合关联度总体表现为,随着城镇化阶段的推进,耦合关联度逐步增强。在城镇化Ⅰ阶段,南京市溧水区关联度较高(0.71),南京市高淳区关联度小(0.62);在城镇化Ⅱ阶段,城镇化与压力负荷指数耦合度空间差异显著;在城镇化Ⅲ阶段,耦合关联度空间差异不显著,苏州市、南京市略高于无锡市、镇江市;在城镇化Ⅳ阶段、Ⅴ阶段,整体表现为南京市耦合关联度高于其他城市。

(3)城镇化水平与土地生态建设强度耦合关联度总体表现为,随着城镇化阶段的推进,耦合关联度逐步增强。在城镇化Ⅰ阶段,空间差异不显著,常州市溧阳市耦合关联度(0.38)略高于其他地区;在城镇化Ⅱ阶段,耦合关联度空间差异显著,常州市、无锡市耦合关联度较高,而南京市耦合关联度较小;在城镇化Ⅲ阶段,耦合关联度空间差异不显著;在城镇化Ⅳ阶段,空间差异表现为南京市、无锡市耦合关联度较高,而镇江市、常州市关联度较小;在城镇化Ⅴ阶段,城镇化与土地生态建设强度指数耦合关联度空间差异不显著,关联度均比较大。

二、城乡梯度的空间差异

对比不同城乡功能区耦合进程可以发现,城市区城镇化水平较发达(图5-8)。从耦合曲线分析,土地生态基础条件指数随着城镇化的推进呈上升趋势。土地生态压力负荷指数呈现早期稳定、后期显著下降又上升的趋势,表明城市区在城镇化早期阶段,人口集聚效应并不显著,城镇发展空间腹地较大,城镇化推进过程并未导致土地生态压力加大;但是当城镇化发展到后期,土地人口集聚程度加大,土地承载压力加大,土地生态压力负荷指数显著下降;当城镇化进一步推进,城市发展趋于饱和,城市建设逐步显现逆城镇化特征,土地生态压力逐步缓解。土地生态建设强度指数呈显著下降趋势,表明城市区在城镇化推进过程中,土地生态建设强度逐步减弱,建设强度指数下降趋势显著。城市区土地生态综合指数随城镇化的推进,变化曲线呈显著下降趋势,但当城镇化发展到后期不降反升,城镇化过程中土地生态建设强度的减弱以及

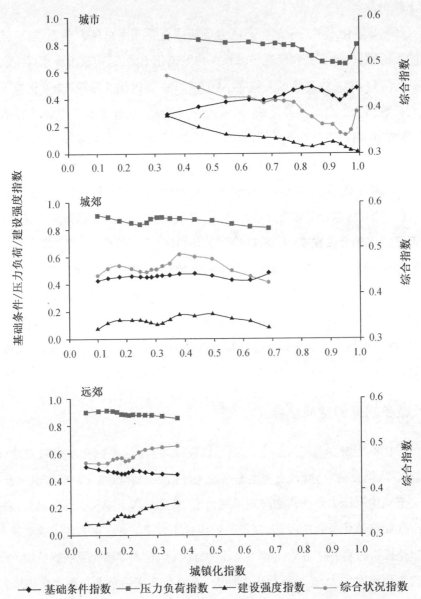

图 5‑8 研究区不同城乡功能区土地生态与城镇化水平耦合曲线

生态压力的加大是导致城市区土地生态综合状况下降的主要原因。因此,从保护城市区土地生态角度出发,在城镇化过程中必须持续关注土地生态建设以及生态压力的释放问题,加强土地生态建设,缓解土地生态压力。

城郊区城镇化指数位于0.1~0.7区间,较城市区城镇化水平低。从耦合曲线分析,土地生态基础条件指数变化平缓,先降后升,幅度小;土地生态压力负荷指数呈波动下降趋势。相对城市区而言,城郊区发展空间大,人口密度绝对值低,尽管城镇化过程会推进人口密度的增大,但是城郊区人口承载压力依然远小于城市区,因此在城镇化过程中,土地生态压力负荷指数下降幅度不显著;土地生态建设强度指数总体稳定,区域内生态建设水平整体优于城市区。城郊区土地生态综合状况表现为先升后降的趋势,早期阶段,由于土地生态基础条件的改善以及建设强度的加大,土地生态综合状况逐步改良,然而随着城镇化进一步推进,土地生态承载压力逐步加大,区域土地生态压力负荷指数下降,从而导致土地生态综合状况指数下降。从提升土地生态综合状况角度出发,在城郊区城镇化过程中,必须持续加强土地生态建设强度,提升土地生态承载能力,这样才能缓解城市区土地生态压力向城郊区的转移输入。

远郊区城镇化指数<0.4,城镇化水平远低于城市区和城郊区。从耦合曲线分析,土地生态基础条件指数呈小幅下降趋势,表明城镇化对土地生态基础条件造成了一定程度的负向作用;土地生态压力负荷指数呈小幅下降趋势,远郊区远离城市,城市发展对其辐射作用小,且区域范围大,具有较强的纾解能力,因此虽然城镇化导致人口向城镇集中,但是对土地生态压力负向作用程度较弱,压力负荷指数呈缓慢下降趋势;土地生态建设强度指数呈上升趋势,城镇化过程中,远郊区经济发展程度逐步提高,土地生态建设的能力逐步增强。远郊区土地生态综合状况随城镇化的推进呈上升趋势,基础条件指数、压力负荷指数总体稳定,土地生态综合状况指数变化曲线更多地体现了生态建设指数的变化规律。因此,从提升区域土地生态综合状况的角度出发,远郊区在城镇化过程中,应加强土地生态建设,促进区域土地生态综合状况的上升。

综合不同城乡功能区土地生态耦合规律可知,随着城镇化的推进,城市区土地生态综合状况受到严重威胁,土地生态压力的增强以及生态建设强度的减弱导致土地生态综合状况显著下降;城郊区土地生态状况随城镇化推进表现为先升后降的趋势,土地生态建设强度对土地生态综合状况的优劣影响显著;远郊区城镇化推动了区域内土地生态建设能力的加强,对于促进地区土地生态综合状况具有积极作用。

研究按不同城乡功能分区测算土地生态与城镇化水平耦合关联度,并绘制关联度分析图(图5-9)。

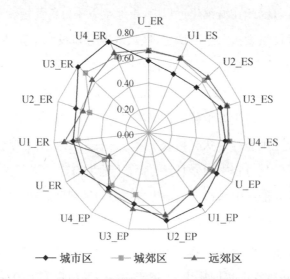

注:U、U1、U2、U3、U4分别代表城镇化指数、人口城镇化率、土地城镇化率、第三产业增加值比重、第三产业从业人员比重;ES、EP、ER分别代表土地生态基础条件指数、压力负荷指数、建设强度指数。

图5-9 土地生态与城镇化水平耦合关联度分析图

对比各城乡功能区土地生态与城镇化水平耦合关联度可知,城市区城镇化指数与土地生态基础条件指数耦合关联度最弱,城郊区、远郊区城镇化指数与基础条件指数耦合关联度接近,城市区人口城镇化率、土地城镇化率与基础条件指数耦合关联作用逐步减弱。各城乡功能区城镇化指数与土地生态压力负荷指数耦合关联度相近,城郊区略低于其他两个功能区,城市区人口城镇化率、土地城镇化率与压力负荷指数耦合关联度最强,城郊区则表现为土地城镇

化率与压力负荷指数耦合关联度最强,远郊区土地城镇化作用强且第三产业
增加值比重关联度趋于加强。各城乡功能区城镇化指数与土地生态建设强度
指数耦合关联度表现为城市区最强,且显著大于其他两个功能区,城郊区略大
于远郊区,城市区第三产业增加值比重、第三产业从业人员比重与建设强度指
数耦合关联度最高;城郊区则表现为人口城镇化率、第三产业增加值比重指标
与建设强度指数耦合关联度较强;远郊区人口城镇化率与建设强度指数耦合
关联作用最强。因此,从提升土地生态基础条件指数的角度出发,各城镇化评
价指标对土地生态基础条件影响差异不显著,城市区应关注第三产业增加值
比重、第三产业从业人员比重;从提升土地生态压力负荷指数角度出发,城市
区应关注人口城镇化、土地城镇化指标,城郊区、远郊区应关注土地城镇化指
标;从提升土地生态建设强度指数角度出发,城市区应关注第三产业增加值比
重、第三产业从业人员比重,城郊区、远郊区应关注人口城镇化、第三产业增加
值比重。

　　基于各县市区土地生态与城镇化耦合关联度指数,叠加城乡功能区分布
图,分析土地生态与城镇化耦合城乡梯度空间差异(图5-10)。结果表明:

　　(1)城镇化与土地生态基础条件耦合关联度总体表现为远郊区>城郊
区>城市区。苏州城市区城镇化与基础条件耦合度较大,南京城市区耦合关
联度较小,表明苏州城市区土地生态基础条件易受城镇化进程的影响;城郊区
城镇化与土地生态基础条件耦合度空间差异显著,表现为南京、镇江、常州耦
合关联度较高,而苏州、无锡耦合关联度较小;远郊区总体表现为西部丘陵区
大于东部平原区。

　　(2)城镇化与土地生态压力负荷耦合关联度总体表现为城市区>远郊
区>城郊区。在城市区,城镇化与压力负荷指数耦合关联度空间差异显著,表
现为苏州、镇江耦合关联度较小,而南京、常州、无锡耦合关联度较强,表明苏
州、镇江城市区压力负荷受城镇化影响程度较小;在城郊区,空间差异则表现
为无锡、常州耦合关联度小,而南京、镇江耦合关联度较大;远郊区城镇化与土
地生态压力负荷指数耦合关联度空间差异显著,表现为西部宁镇扬丘陵区大于
东部平原区,南京、镇江、常州耦合关联度较高,而苏州、无锡耦合关联度较小。

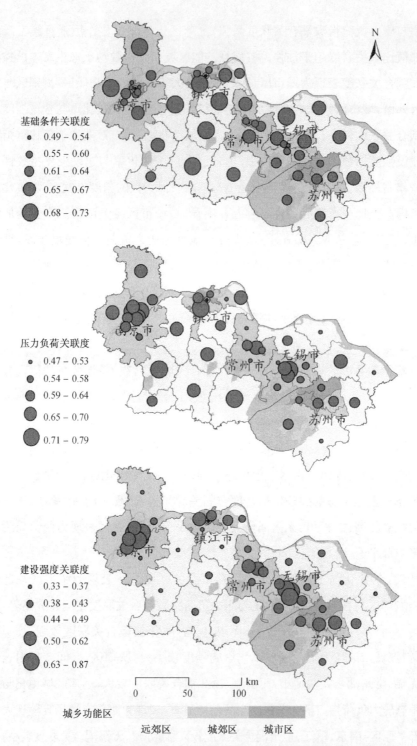

图 5 - 10　不同城乡功能区土地生态与城镇化水平耦合关联度空间分布图

　　（3）城镇化与土地生态建设强度耦合关联度总体表现为城市区＞城郊区＞远郊区。在城市区，城镇化与建设强度耦合关联度空间差异表现为南京、无锡耦合关联度较高；在城郊区，则表现为苏州、无锡耦合关联度显著高于南京、常州；在远郊区，表现为常州、无锡远郊区耦合关联度显著高于南京、镇江区域。

第六章 / 土地生态与区域发展空间耦合诊断及优化建设

本研究基于土地生态与工业化、城镇化耦合关系的研究成果,综合评价研究区区域发展水平,运用突变理论模型诊断土地生态与区域发展耦合状态;通过评价工业化、城镇化协同性,划分区域发展类型;整合耦合状态以及区域发展类型,划分土地生态—区域发展耦合建设综合分区,并提出土地生态优化建设模式。

第一节 土地生态与区域发展空间耦合状态诊断

一、土地生态与区域发展耦合作用框架

生态经济学认为生态系统与经济系统结合共同形成了生态经济系统(Byron et al. , 2015;Häyhä and Franzese, 2014)。土地生态—经济系统较生态经济系统而言,研究对象由生态系统具体化到土地生态系统,研究内容聚焦经济子系统与生态子系统之间的相互关系。本研究将土地生态子系统与经济社会子系统联系起来,分析两者之间的作用关系。经济社会子系统反映了人类活动带来的经济总量、经济增长、人口、产业结构、经济生产方式等的变化,土地生态子系统反映了土地利用过程中的自然基础状况、生态压力状况以及生态建设状况等,两个子系统之间相互作用、相互制约。

土地生态子系统以土地为核心,是土地资源以及相关环境要素的综合体,包括了土地、地形、气候、水文、植被等自然影响因素,土地利用方式、土地利用

承载压力以及土地生态建设等人为影响因素,这些构成要素存在着能量交换、信息交流和相互依存关系。研究从工业化、城镇化角度构建区域发展子系统,从土地生态基础条件、压力、建设等角度构建土地生态子系统,两个子系统通过人类活动相互作用,构成一个耦合系统(图6-1)。

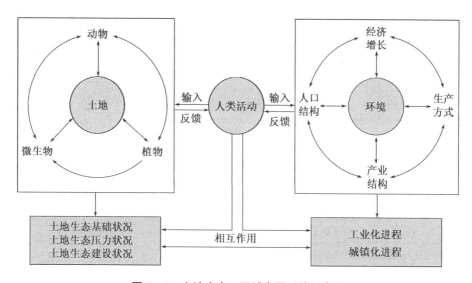

图6-1　土地生态—区域发展系统示意图

区域发展不仅是人类追求进步的目标,更是土地利用改变的直接驱动力之一。在城市化过程中,土地供给规模与区域发展阶段相关(楼江 等,2010;王爱民 等,2005):在快速发展阶段,土地供应规模加大,进一步延展经济发展空间,进而会促进经济增长。区域发展对土地生态的驱动作用不是一种直接的单向驱动作用体系,而是通过人地协调构建区域发展与土地生态之间的作用网络。区域发展直接驱动作用于土地资源,影响土地供给需求、土地利用方式、土地利用结构等;此外,区域发展作为一种间接驱动作用,改变人类环境保护意识、生态环境需求。土地资源利用以及生态环境保护意识的改变影响土地生态的基础状况、压力状态和建设状况。不同经济发展模式下,土地生态出现正、负反馈结果,正反馈表现为土地生态基础条件的改良、生态压力趋于平稳、生态建设进一步扩大,作用于土地资源,需要进一步优化发展规划、产业结构、建设步伐、经济增长速度,推动经济可持续发展;负反馈表现为土地生态基础条件恶化、生态压力加大、生态建设滞缓,作用于土地资源,需要进一步调整经济增长速度、产业结构、发展方向和建设步伐,改变"盲目建设、忽视生态"的发展模式,将区域发展向良性发展方向推进(图6-2)。

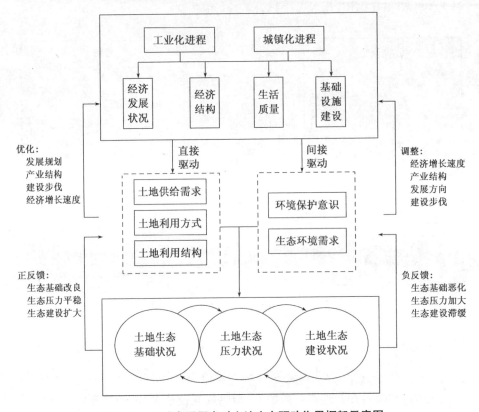

图6-2 区域发展因素对土地生态驱动作用框架示意图

二、基于突变理论的耦合状态诊断方法

(一)突变理论模型

Rene Thom(1972)结合拓扑学、奇点和稳定性的数学理论创立了突变理论,该方法可用于研究自然界及社会现象的各种形态、结构的非连续性突变,在地质科学、社会科学(牛志广 等,2012)、农业(李浩鑫 等,2014)、生态学(魏婷 等,2008)、地理学(杨山 等,2009)、土地管理(曹伟,2011)等诸多学科,均

有较好的应用效果。

突变理论运用包括状态变量和控制变量的势函数 $V(x)$（x 为状态变量），以描述一个动态系统，令 $V'(x)=0$ 可以得到势函数所有临界点集合成的平衡曲面方程，令 $V''(x)=0$ 可以得到该平衡曲面方程的奇点集，联立 $V'(x)=0$ 和 $V''(x)=0$ 得到分叉集（凌复华，1987）。当状态变量不多于 2 个，控制变量不多于 4 个时，突变共有 7 种基本形式：折叠突变、尖点突变、燕尾突变、蝴蝶突变、椭圆脐点突变、双曲脐点突变和抛物脐点突变。常用的突变模型如表 6-1 所示。

表 6-1　突变模型及势函数（凌复华，1987）

突变模型	状态变量	控制变量	势函数
折叠突变	1	1	$V(x)=x^3+ux$
尖点突变	1	2	$V(x)=x^4+ux^2+vx$
燕尾突变	1	3	$V(x)=x^5+ux^3+vx^2+wx$
蝴蝶突变	1	4	$V(x)=x^6+tx^4+ux^3+v^2+wx$

以尖点突变为例，点突变是指只有两个控制变量 u、v 和一个状态变量的突变形式。势函数：

$$V(x)=x^4+ux^2+vx \qquad (6-1)$$

突变流形 M：

$$V'(x)=4x^3+2ux+v=0 \qquad (6-2)$$

奇点集，即突变流形 M 的一个子集 S：

$$V''(x)=12x^2+2u=0 \qquad (6-3)$$

联立消去 x，得到分叉集 B：

$$8u^3+27v^2=0 \qquad (6-4)$$

如图 6-3 所示，突变流形 M 为 $V'(x)=0$ 所确定的褶皱曲面；奇点集 S 为 $V''(x)=0$ 所得到的突变流形 M（褶皱曲面）上尖点形褶皱的两条折痕；分叉集 B 是由 $V'(x)=0$ 和 $V''(x)=0$ 联立消去 x，得到的突变流形 M（褶皱曲面）的皱褶在 u-v 平面上的投影曲线。突变流形 M（褶皱曲面）上有三个可能的平衡位置,即上叶、中叶、下叶,其中上叶和下叶表示系统处于稳定的平衡状态,中叶则表示系统处于不稳定的平衡状态,系统如果在上下叶相互转换的过程中跨越了折叠线,则表示系统的状态发生了突变(突跳)。

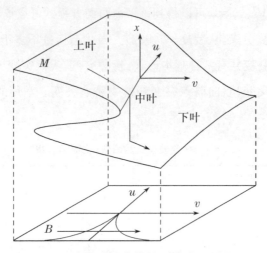

图 6 - 3　尖点突变模型(凌复华,1987)

(二) 土地生态与区域发展耦合状态诊断方法

前文对土地生态与工业化、城镇化之间的耦合关系进行了分析,结果表明土地生态与区域发展之间存在着上下波动的趋势。将土地生态与区域发展视为一个开放的耦合系统,两者之间的变化并不是一个简单的线性过程,有可能存在突变点,使其状态发生质的改变。因此,研究引入突变理论模型,x 为状态变量,用以表征土地生态与区域发展之间的耦合状态;u、v 为控制变量,分别表征土地生态状态和区域发展状态。

基于图 6 - 3,修正形成土地生态与区域发展耦合状态诊断方法的示意图(图 6 - 4)。

基于突变理论,土地生态与区域发展在某一个时间段内可以划分为初级正向耦合、逆向耦合、高级正向耦合三个状态。初级正向耦合状态位于左侧突变界线以左,区域发展程度较低,土地生态状况优越,土地生态与区域发展的矛盾尚未显现;逆向耦合状态位于左右突变界线中间,在区域发展过程中,土

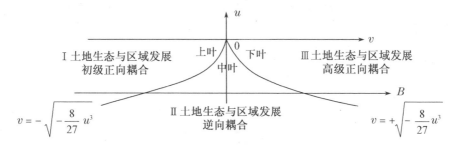

图 6 - 4　区域发展中土地生态突变状态诊断模型

地生态与区域发展矛盾加剧，土地生态状况开始恶化；高级正向耦合状态已跨越右侧突变界线，区域发展水平高，土地生态状况趋于改善，区域发展对土地生态的正向推动作用加强。随着区域发展，土地生态状况相应发生改变，当达到突变线时，其耦合状态发生质的飞跃，进而进入下一个耦合状态。这种耦合状态的改变是基于一定时间段内的判别，当时间轴进一步延伸，土地生态与区域发展又会进入一个新的状态循环，因此，土地生态与区域发展之间的耦合关系可以被视为是一个不断推进、螺旋上升的过程。

三、土地生态与区域发展空间耦合状态

（一）研究区区域发展水平

在经济学研究中，工业化是现代区域发展的一个特定阶段，而城镇化是现代区域发展的必然结果。许多经济学家认为，工业化是以非农工业（或制造业）为中心高速增长的过程；而城镇化作为城镇人口迅速增长及比重上升的过程，一定程度上反映了人口流动以及由此产生的各类社会变化特征，很好地体现了区域发展的社会性。工业化、城镇化是研究区区域发展中两大重要推动力，研究从工业化、城镇化角度出发，构建研究区区域发展综合评价指标体系（表 6 - 2）。其中，工业化和城镇化之间采用层次分析法确定其评价权重（徐建华，2006），工业化、城镇化各项评价指标权重则采用工业化、城镇化水平评价指标体系。

表6-2　基于工业化—城镇化的区域发展综合评价指标体系

评价因素	权重	指标	权重	指标属性
工业化	0.558	人均GDP	0.368	正向
		非农产业比重	0.158	正向
		工业结构比重	0.263	正向
		非农产业人员比重	0.211	正向
城镇化	0.442	人口城镇化率	0.291	正向
		土地城镇化率	0.244	正向
		第三产业增加值比重	0.264	正向
		第三产业从业人员比重	0.201	正向

　　研究从区域发展进程角度出发,基于工业化、城镇化评价结果,综合评价区域发展水平(图6-5)。评价结果表明,研究区区域发展平均综合指数为0.54,最小值为0.16,最大值为0.86,标准差为0.16,变异系数为29.63%,空间差异比较显著。从空间分布分析,研究区区域发展水平整体呈现东高西低的趋势,西部宁镇扬丘陵区区域发展水平相对较低,城市中心城区区域发展水平高于远郊区。

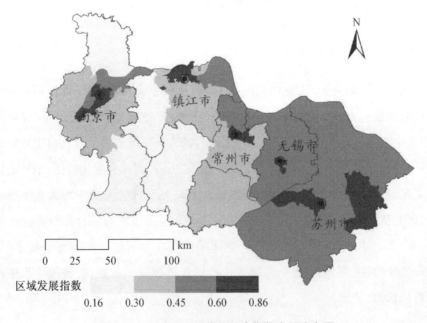

图6-5　研究区区域发展综合指数空间分布图

（二）研究区耦合状态诊断

1. 诊断步骤

基于突变理论诊断土地生态综合状况和区域发展之间的耦合状态。具体步骤为:(1) $V(x)$代表区域发展指数,$U(x)$代表土地生态综合指数,并运用"Z-score 标准化"方法进行数据标准化;(2) 基于尖点突变模型,得到突变流 M 在 u-v 平面上的投影曲线;(3) 根据 M 曲线判别土地生态与区域发展之间的耦合状态。

2. 诊断结果

研究区土地生态与区域发展耦合状态可划分为初级正向耦合、逆向耦合、高级正向耦合三种状态,逆向耦合县级单位最多,且各点偏离突变界线差异较大,并可分为三种情形(表 6-3、图 6-6)。第一种情形,该县市区在发展过程中,区域建设对土地生态的负向作用刚刚显现;第二种情形,该县市区在发展过程中,持续重视土地生态保护,对土地生态的负向作用并未随着区域发展进程的推进而线性扩大;第三种情形,该县市区在区域建设过程中,土地生态保护与区域建设未能协调发展,土地生态恶化程度严重,区域发展对土地生态的负向作用加剧,与突变界线偏离程度扩大。因此,本研究根据土地生态与区域发展负向作用程度大小,即偏离突变界线距离远近,将耦合状态进一步细分为轻度逆向耦合区以及重度逆向耦合区。据此,研究区土地生态与区域发展空间耦合状态可以划分为四类耦合状态区,分别为初级正向耦合区、高级正向耦合区、轻度逆向耦合区、重度逆向耦合区。

其中,初级正向耦合涉及 11 个县市区,土地生态与区域发展之间的矛盾不显著,部分县域表现为区域发展程度低,对土地生态状况的限制作用未显现;部分县市区区域发展水平较高,但是土地生态状况较优,区域发展未对土地生态状况产生反向作用;部分县市区紧邻左侧突变界线,区域发展与土地生态状况之间的矛盾将逐步显现,随着区域经济的进一步发展,若未能及时加强土地生态保护和建设,将会对土地生态状况产生负向作用。轻度逆向耦合涉及 21 个县市区,土地生态与区域发展之间的矛盾凸显,部分县域紧邻左侧突

表6-3 研究区土地生态与区域发展耦合状态成果表

序号	行政区名称	区域发展指数	土地生态综合指数	耦合状态	序号	行政区名称	区域发展指数	土地生态综合指数	耦合状态
	南京市				24	钟楼区	0.71	0.44	轻度逆向耦合
1	玄武区	0.72	0.36	重度逆向耦合	25	戚墅堰区	0.68	0.38	重度逆向耦合
2	白下区	0.71	0.27	重度逆向耦合	26	新北区	0.53	0.43	轻度逆向耦合
3	秦淮区	0.69	0.32	重度逆向耦合	27	武进区	0.45	0.48	轻度逆向耦合
4	建邺区	0.57	0.42	轻度逆向耦合	28	溧阳市	0.27	0.47	初级正向耦合
5	鼓楼区	0.72	0.39	重度逆向耦合	29	金坛市	0.25	0.46	初级正向耦合
6	下关区	0.71	0.41	重度逆向耦合		**苏州市**			
7	浦口区	0.37	0.45	轻度逆向耦合	30	姑苏区	0.72	0.35	重度逆向耦合
8	栖霞区	0.60	0.44	轻度逆向耦合	31	高新区	0.66	0.43	轻度逆向耦合
9	雨花台区	0.60	0.42	轻度逆向耦合	32	吴中区	0.50	0.55	初级正向耦合
10	江宁区	0.43	0.45	轻度逆向耦合	33	相城区	0.52	0.47	轻度逆向耦合
11	六合区	0.29	0.44	初级正向耦合	34	苏州工业园区	0.57	0.43	轻度逆向耦合
12	溧水区	0.28	0.46	初级正向耦合	35	常熟市	0.52	0.47	轻度逆向耦合
13	高淳区	0.16	0.46	初级正向耦合	36	张家港市	0.59	0.49	轻度逆向耦合
	无锡市				37	昆山市	0.67	0.50	高级正向耦合
14	崇安区	0.86	0.32	重度逆向耦合	38	吴江市	0.51	0.52	初级正向耦合
15	南长区	0.69	0.39	重度逆向耦合	39	太仓市	0.53	0.46	轻度逆向耦合
16	北塘区	0.68	0.40	重度逆向耦合		**镇江市**			
17	锡山区	0.48	0.45	轻度逆向耦合	40	京口区	0.64	0.50	高级正向耦合
18	惠山区	0.47	0.46	轻度逆向耦合	41	润州区	0.64	0.43	轻度逆向耦合
19	滨湖区	0.58	0.53	高级正向耦合	42	丹徒区	0.34	0.47	初级正向耦合
20	江阴市	0.56	0.46	轻度逆向耦合	43	镇江新区	0.46	0.47	轻度逆向耦合
21	宜兴市	0.40	0.50	初级正向耦合	44	丹阳市	0.40	0.43	轻度逆向耦合
22	无锡新区	0.55	0.44	轻度逆向耦合	45	扬中市	0.48	0.51	初级正向耦合
	常州市				46	句容市	0.22	0.45	初级正向耦合
23	天宁区	0.73	0.41	重度逆向耦合					

变界线,表明土地生态与区域发展之间的矛盾刚刚显现,若能加强土地生态建设,则其耦合状态会逐步改善,向右侧突变界线演化,缩短逆向耦合过程;部分县市区临近右侧突变界线,表明土地生态与区域发展耦合状态趋向协调,两者之间的矛盾逐步弱化,随着区域经济的进一步发展,耦合状态将向正向耦合状态演变。重度逆向耦合涉及 11 个县域,距离左右两侧突变界线较远,表明区域发展与土地生态的矛盾逐步加大,区域发展过程中未能有效协调两者之间的关系,导致土地生态状况恶化趋势显著。高级正向耦合状态仅涉及 3 个县市区,该区域土地生态与区域经济协调发展,区域发展程度高,土地生态状况良好,区域发展未对土地生态产生负向作用,两者之间持续发展。

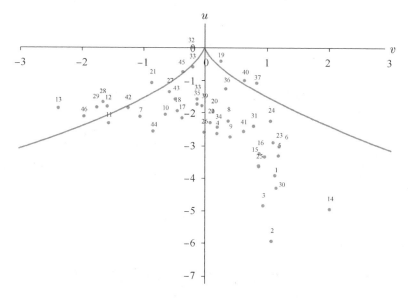

图 6 - 6　土地生态综合状况与区域发展耦合状态诊断结果图

由耦合状态分布图可知,研究区初级正向耦合状态主要分布在西部宁镇扬丘陵区以及南部环太湖平原区,分布面积为 11 790.43 km²,占研究区总面积的 48.51%,该区域土地生态基础条件优越,且经济发展相对缓慢,土地生态综合状况较好;轻度逆向耦合状态主要分布在南京等五个设区市的城郊区,分布面积为 12 348.60 km²,占研究区总面积的 43.97%,该区域经济发展程度较高,工业化、城镇化加大了土地生态承载压力,土地生态保护与区域发展的矛盾加剧;重度逆向耦合状态主要分布在南京等五个设区市的中心城区,分布面积为 429.20 km²,占研究区总面积的 1.53%,该区域城镇化程度高,是商业、金融中心,土地建成区比重高,土地生态承载压力远大于周边城郊及远郊区,土地生态与区域发展的矛盾严重;高级正向耦合状态分布在苏州昆山市、无锡滨湖区以及镇江京口区,分布规模较小,仅占研究区总面积的 5.99%,该区域经济发展程度高,但是由于土地生态建设强度较大,土地生态与区域发展之间的负向作用不显著,土地生态综合状况较好,土地生态与区域发展呈正向耦合作用(图 6-7)。

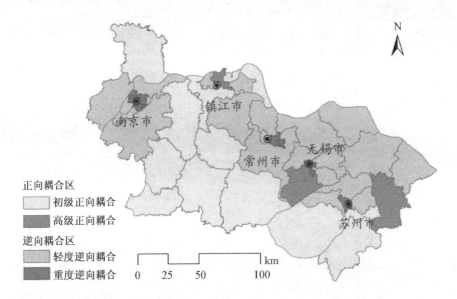

图 6-7 研究区土地生态综合状况与区域发展空间耦合状态分布图

第二节 土地生态—区域发展耦合建设综合分区

一、分区方法

土地生态与区域发展耦合状态可分为初级正向耦合、轻度逆向耦合、重度逆向耦合、高级正向耦合四个类型区。工业化、城镇化是区域建设中两个重要的发展进程,而两者对土地生态的驱动作用以及耦合关联度存在差异,因此,为了进一步剖析区域土地生态优化建设特征,在耦合状态的基础上叠加分析工业化和城镇化协同性分区,进而划定研究区土地生态—区域发展耦合建设综合分区。

二、工业化—城镇化协同性评价与区域发展类型划分

(一)工业化—城镇化协同性评价方法

研究引入协调度、协调度系数衡量工业化与城镇化协调程度(汪浪,2014;邵波 等,2005),协调度系数越大表示工业化和城镇化协调性越好,协调度越小表示协调性越差。具体计算方法为:

$$R=\left[\frac{I\times U}{\frac{(I+U)^2}{2}}\right]^2 \tag{6-5}$$

$$D=\sqrt{R\times T} \tag{6-6}$$

$$T=\alpha\times I+\beta\times U \tag{6-7}$$

其中,R 表示协调度;D 表示协调度系数;α、β 为待定系数,可各取 0.5;I 表示工业化指数;U 表示城镇化指数。

根据协调度系数可将工业化与城镇化协调度分为六个等级(表 6-4)。

表 6-4　工业化与城镇化协调等级划分

协调度系数	0~0.2	0.2~0.4	0.4~0.5	0.5~0.6	0.6~0.8	0.8~1.0
协调等级	高度失调	中度失调	轻度失调	基本协调	中度协调	高度协调

通过协调度系数可以判定工业化与城镇化失调或者协调状态,但是不能反映两者之间发展程度的强弱对比。因此,为了进一步反映工业化与城镇化进程的对比程度,本研究引入 IU 比、NU 比来分析城镇化与工业化之间的发展关系。IU 比是指劳动力工业化率与城镇化率的比值,NU 比是指劳动力非农化率与城镇化率的比值。当 IU<0.5 且 NU<1.2 时,地区城镇化超前于

工业化进度,区域发展以城镇化为主;当 IU>0.5 且 NU>1.2 时,地区城镇化滞后于工业化进度,区域发展以工业化为主;当 IU>0.5 且 NU<1.2 时或当 NU>1.2 且 IU<0.5 时,地区城镇化与工业化协同发展(朱艳硕 等,2012)。

(二)工业化—城镇化协同性评价结果

研究区工业化与城镇化协同性类型可划分为工业化主导发展、城镇化主导发展、工业化城镇化协同发展 3 种,评价结果见表 6-5。

表 6-5　研究区工业化与城镇化协同性评价结果

协同性类型	高度失调区域	中度失调区域	轻度失调区域	基本协调区域	中度协调区域	高度协调区域
城镇化主导发展 IU<0.5 且 NU<1.2	—	建邺区、雨花台区、高新区、苏州工业园、京口区、润州区	秦淮区、下关区、南长区、北塘区、钟楼区	玄武区、白下区、鼓楼区、天宁区	崇安区	—
工业化主导发展 IU>0.5 且 NU>1.2	浦口区、江宁区、六合区、高淳区、锡山区、惠山区、江阴市、宜兴市、无锡新区、新北区、武进区、溧阳市、金坛市、吴中区、相城区、常熟市、张家港市、吴江市、太仓市、丹徒区、镇江新区、丹阳市、扬中市、句容市	栖霞区、昆山市	—	—	—	—
工业化城镇化协同发展 IU>0.5 且 NU<1.2 NU>1.2 且 IU<0.5	—	戚墅堰区、滨湖区	姑苏区	—	—	—

其中,工业化主导发展类型区主要分布在郊区,涉及 27 个县市区,占研究区总面积的 92.17%,工业化与城镇化总体表现为高度失调、中度失调,表明

该区域城镇化滞后于工业化现象严重；城镇化主导发展类型区主要分布在城市中心城区，涉及 16 个县市区，占研究区总面积的 5.18%，工业化与城镇化两者协调性表现为中度失调、轻度失调、基本协调、中度协调，表明该区域城镇化超前于工业化，部分县市区两者之间失调现象趋于减弱，逐步向协调状态转变；工业化城镇化协同发展类型区主要分布在常州戚墅堰区、无锡滨湖区和苏州姑苏区，占研究区总面积的 2.65%，该区域工业化与城镇化协同发展，两者之间处于中度失调、轻度失调状态。

三、土地生态—区域发展耦合建设综合分区

将前述研究所得研究区土地生态与区域发展耦合状态的四种类型区结果，叠加区域发展两大进程工业化、城镇化之间协同性发展类型区划分结果，构建判断矩阵（表 6-6），对研究区进行土地生态—区域发展耦合建设综合分区。

表 6-6　土地生态—区域发展耦合建设综合分区判断矩阵

耦合状态 协同性评价	正向耦合		逆向耦合	
	初级正向耦合	高级正向耦合	轻度逆向耦合	重度逆向耦合
工业化主导发展	I₁	II₁	III₁	IV₁
城镇化主导发展	I₂	II₂	III₂	IV₂
工业化城镇化协同发展	I₃	II₃	III₃	IV₃

研究区共涉及 8 种土地生态—区域发展耦合建设综合分区，空间分布见图 6-8。

（1）I_1 区，工业化主导发展—初级正向耦合区。该区主要位于南京、镇江、常州、无锡、苏州五个地市的远郊区，分布面积为 13 623.74 km²，占研究区的 48.51%。土地生态状况良好，综合指数为 0.48，区内土地生态基础条件优越，生态压力较小，建设强度较薄弱；区域发展状况相对滞后，区域发展指数仅 0.34，城镇化明显滞后于工业化进程。

（2）II_1 区，工业化主导发展—高级正向耦合区。该区主要位于苏州昆山市，分布面积为 931.70 km²，占研究区的 3.32%。区内土地生态优越，综合指

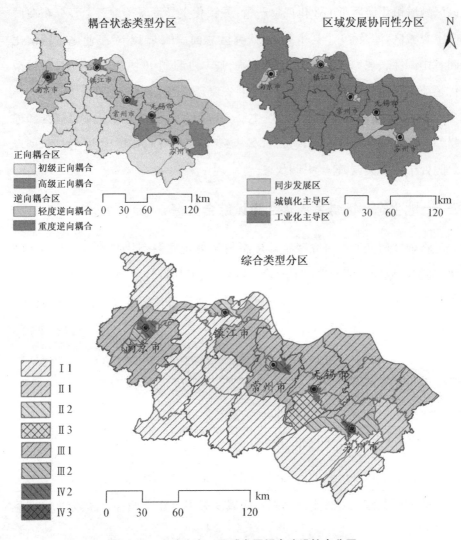

图6-8 土地生态—区域发展耦合建设综合分区

数为0.50,土地生态基础条件优,压力强度较小,建设强度大;区域发展状况好,区域发展指数为0.67,工业化程度高,城镇化进程滞后于工业化进程。

(3) II_2区,城镇化主导发展—高级正向耦合区。该区主要位于镇江市京口区,分布面积为124.69 km²,占研究区的0.44%。区域土地生态状况优越,综合指数为0.50,土地生态基础条件优,生态压力较小,生态建设强度较大;区域发展状况好,区域发展指数为0.64,城镇化进程较快,工业化进程滞后于城镇化进程。

（4）II₃区，工业化城镇化协同发展—高级正向耦合区。该区主要位于无锡滨湖区，分布面积为 628.16 km²，占研究区的 2.24%。区内土地生态状况优，综合指数为 0.53，土地生态基础条件优越，生态压力较小，建设强度大；区域发展状况较好，区域发展指数为 0.58，工业化、城镇化进程同步发展。

（5）III₁区，工业化主导发展—轻度逆向耦合区。该区主要位于五个地市的近郊区，分布面积为 11 331.82 km²，占研究区的 40.35%。区内土地生态状况较好，综合指数为 0.46，条件指数较好，生态压力逐步加大，建设强度较薄弱；区域发展状况较好，区域发展指数为 0.50，城镇化进程逐步加快，但是工业化进程仍处于主导位置，城镇化依然滞后于工业化进程。

（6）III₂区，城镇化主导发展—轻度逆向耦合区。该区主要位于南京、镇江、常州、苏州的城市外围区域，分布面积为 1 016.78 km²，占研究区的 3.62%。区内土地生态状况较差，综合指数为 0.43，基础条件指数、压力负荷指数、建设强度指数均低于 II₁区；区域发展状况较好，区域发展指数为 0.62，城镇化进程加快，工业化滞后于城镇化进程，城镇化处于区域发展的主导位置。

（7）IV₂区，城镇化主导发展—重度逆向耦合区。该区主要位于南京、常州、无锡城市核心区，分布面积为 314.10 km²，占研究区的 1.12%。区内土地生态状况差，综合指数为 0.36，土地生态基础条件较优，但是面临的生态压力大，生态压力负荷指数低且生态建设强度薄弱；区域发展状况好，区域发展指数为 0.72，是研究区城镇化进程最快的地区，工业化进程滞后于城镇化进程，城镇化是区域发展的主导推动力。

（8）IV₃区，工业化城镇化协同发展—重度逆向耦合区。该区主要位于苏州城市核心区，分布面积为 115.10 km²，占研究区的 0.41%。区内土地生态状况差，综合指数为 0.36，基础条件薄弱，生态压力较大，建设强度薄弱；区域发展状况好，区域发展指数为 0.70，工业化、城镇化进程同步发展。

表 6-7　研究区土地生态—区域发展耦合建设综合分区数据特征统计表

综合分区	面积 (km²)	比重 (%)	土地生态状况				区域发展状况		
			综合状况指数	基础条件指数	压力负荷指数	建设强度指数	区域发展指数	工业化指数	城镇化指数
I₁	13 623.74	48.50	0.48	0.47	0.91	0.15	0.34	0.39	0.17
II₁	931.70	3.32	0.50	0.45	0.86	0.24	0.67	0.91	0.37
II₂	124.69	0.44	0.50	0.46	0.89	0.22	0.64	0.54	0.67
II₃	628.16	2.24	0.53	0.50	0.89	0.26	0.58	0.56	0.49
III₁	11 331.82	40.35	0.46	0.44	0.87	0.14	0.50	0.60	0.28
III₂	1 016.78	3.62	0.43	0.40	0.83	0.13	0.62	0.62	0.63
IV₂	314.10	1.12	0.36	0.45	0.69	0.05	0.72	0.57	0.90
IV₃	115.10	0.41	0.36	0.35	0.75	0.07	0.70	0.79	0.60

第三节　土地生态优化建设模式选取与分区对策

一、土地生态建设模式分析与选取

　　土地生态与区域发展两大子系统之间存在耦合作用,将两者分别作为 x、y 轴绘制二维分析图,其中 x 轴代表区域发展水平,y 轴代表土地生态状况 (图 6-9)。图中的任何一点表征了该地区土地生态、区域发展状况,其中,第一象限表明区域发展快速、土地生态良好;第二象限表明区域发展缓慢、土地生态良好;第三象限表明区域发展缓慢、土地生态恶劣;第四象限表明区域发展快速、土地生态恶劣。

　　由前文分析可知,土地生态综合指数与土地生态基础条件、压力和建设等因素相关,而区域发展综合指数则与工业化、城镇化等因素相关。从系统论的角度出发,土地生态子系统、区域发展子系统具有自组织特征,其演化方程的基本形式是非线性的,具体可以表述为:

$$\frac{\mathrm{d}x(t)}{\mathrm{d}t} = f(x_1, x_2, \cdots, x_n) \tag{6-8}$$

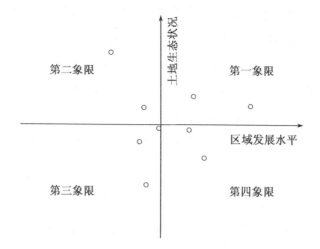

图 6 - 9　土地生态与区域发展态势图

其中,f 为 x_i 的非线性函数,$i=1,2,\cdots,n$。将其在原点附近展开:

$$f(x)=f(0)+a_1x_1+a_2x_2+\cdots+a_nx_n+\varepsilon(x_1,x_2,\cdots,x_n) \quad (6-9)$$

其中,$f(0)=f(0,0,\cdots,0)=1$; $a_i=f'_{x_i}(0,0,\cdots,0)$; $\varepsilon(x_1,x_2,\cdots,x_n)$ 为 x_i 不低于二次方的解析函数。

李雅普诺夫第一近似定理指出,非线性系统运动的稳定性取决于一次近似系统特征根的性质(廖晓昕,2004),以此理论为基础,可以略去 $\varepsilon(x_1,x_2,\cdots,x_n)$ 以保证运动的稳定性,得到近似线性的系统:

$$\frac{\mathrm{d}x(t)}{\mathrm{d}t}=\sum_{i=1}^{n}a_ix_i, \qquad i=1,2,\cdots,n \quad (6-10)$$

根据公式 6 - 10 建立经济系统、土地生态系统的一般函数:

$$\begin{cases} f(x)=\sum_{i=1}^{n}a_ix_i \\ \\ f(y)=\sum_{i=1}^{n}a_iy_i \end{cases} \qquad i=1,2,\cdots,n \quad (6-11)$$

式中,$f(x)$、$f(y)$ 分别代表区域发展、土地生态变化函数;x_i 为区域发展评价因子;y_i 为土地生态评价因子。

1955 年,美国经济学家 Simon Kuznets 基于 18 个国家经济发展与收入
分配差异数据分析,提出了收入库兹涅茨曲线(倒 U 型曲线);1990 年,美国经
济学家 G. Grossman 和 A. Kureger 提出了环境库兹涅茨曲线(EKC)。环境
库兹涅茨曲线将环境和经济建设两个子系统联系起来,被广泛引入经济建设
(张昭利 等,2012)、农业发展(曾大林 等,2013)、耕地保护(曲福田 等,2004)、
建设用地扩张(黄砺 等,2012)等研究领域。基于环境库兹涅茨曲线,构建土
地生态库兹涅茨曲线回归模型:

$$f(y) = \alpha + \beta_1 f(x) + \beta_2 f(x)^2 + \varepsilon \tag{6-12}$$

式中,$f(y)$ 为土地生态综合指数;$f(x)$ 为区域发展综合指数;α、β_1、β_2 为待估计
的系数;ε 为模型随机误差项。当 $\beta_1 > 0$ 且 $\beta_2 = 0$ 时,曲线变为单调递增直线;
当 $\beta_1 < 0$ 且 $\beta_2 = 0$ 时,曲线变为单调递减直线;当 $\beta_2 > 0$ 时,曲线为 U 型曲线;
当 $\beta_2 < 0$ 时,曲线为倒 U 型曲线。U 型曲线拐点为 $f(x) = -\beta_1/2\beta_2$。

基于土地生态库兹涅茨曲线构想四种土地生态建设模式(图 6-10)。

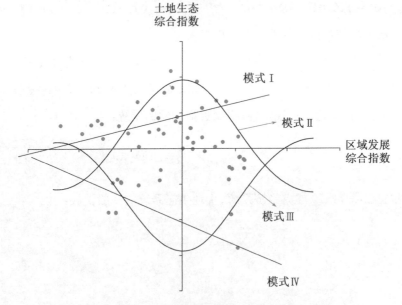

图 6-10　基于库兹涅茨曲线的土地生态建设模式

(1) 模式 I:边发展边保护模式,曲线形态为线性上升直线。在该模式

下,强调区域建设与土地生态保护并重,区域发展不以牺牲土地生态环境为前提,土地生态建设强度大,有效避免了区域发展对土地生态的负向作用,土地生态与区域发展耦合状态由初级正向耦合状态提升为高级正向耦合状态,逆向耦合状态阶段短。

（2）模式Ⅱ:先保护后发展模式,曲线形态为倒 U 型。该模式下,在早期区域发展过程中,注重土地生态保护,土地生态综合状况随着区域发展而趋于改善,但是随着区域建设的进一步推进,土地生态保护力度并未同步提升,区域发展对土地生态的负向作用加大,土地生态状况趋于恶化。

（3）模式Ⅲ:先发展后保护模式,曲线形态为 U 型。在该模式下,意识形态认可土地生态保护的重要性,但是在实际建设过程中,更关注区域发展,在经济逐利中忽视了对土地生态的保护,区域发展对土地生态负向作用显著,当区域发展到一定程度,土地生态保护意识逐步加强,区域发展对土地生态负向作用逐步减弱。

（4）模式Ⅳ:重发展轻保护模式,曲线形态为线性下降直线。在该模式下,地区建设完全忽视土地生态保护的重要性,区域发展往往以牺牲土地生态为代价,土地生态状况在区域发展过程中持续恶化,土地生态状况呈现永久性破坏。

叠加土地生态与区域发展耦合状态,对比分析四种建设模式,结果表明,"先保护后发展"模式、"重发展轻保护"模式均会导致土地生态状况趋于恶化,土地生态与区域发展的负向作用不断加剧,不利于区域可持续发展;"边发展边保护"模式、"先发展后保护"模式均会驱动土地生态与区域发展向高级耦合状态演变,但是从变化过程分析,"先发展后保护"对于土地生态环境的负向作用大,加大了土地生态后期保护的难度和投入成本。因此,综合四种模式下土地生态与区域发展耦合状态变化趋势,"边发展边保护"模式是推进区域可持续发展的最优路径。

二、土地生态优化建设的分区对策

结合研究区土地生态与区域发展耦合状态分析结果,在初级正向耦合区域,土地生态与区域发展的矛盾尚未显现,在今后的建设过程中,尽可能缩短逆向耦合过程,从土地生态优化建设角度出发,应选择"边发展边保护"模式;逆向耦合状态分布区域广泛,区域发展对土地生态负向作用显著,在今后的建设过程中,应加快推进向高级正向耦合状态的转变,从偏离突变界线的距离分析,部分区域偏离距离近,宜选择"边发展边保护"模式,降低区域发展对土地生态的负向作用,而部分区域偏离距离远,应加强土地生态保护,加快向高级正向耦合状态转变;高级正向耦合区域,区域发展对土地生态的正向作用加强,应持续加大土地生态保护,避免向逆向耦合状态倒退。

(1) I_1区:该区处于初级正向耦合区,区域发展对土地生态的负向作用尚未显现,区域发展相对滞后,工业化进程处于 II 阶段,城镇化进程刚刚步入 II 阶段,城镇化进程略滞后工业化进程,工业化进程起主导作用。该区地处城市远郊,区内平均工业化指数为 0.39,土地生态基础条件指数、压力负荷指数、建设强度指数以及综合指数均处于平稳阶段,即工业化进程的推进对土地生态驱动作用不显著。但是,预期工业化进一步推进,土地生态条件指数、压力负荷指数均将出现明显的下降波动,建设指数呈上升趋势,因此,在工业化进程中应尽可能减小负向作用、放大正向作用。从关联度、驱动力分析,远郊区在工业化过程中,人均 GDP 对土地生态的驱动作用最显著,因此,一方面,区域发展现阶段应重视经济建设,提升人均 GDP,加大土地生态建设力度;另一方面,应注重非农产业、非农产业从业人员比重的上升幅度,减缓土地生态压力上升幅度。

(2) II_1区:该区处于高级正向耦合区,区域发展对土地生态负向作用减弱,并能改善土地生态综合状况。该区工业化进程处于 V 阶段,城镇化进程处于 III 阶段,城镇化进程滞后于工业化进程,工业化进程起主导作用。该区主要位于苏州昆山市,昆山市经济发达,工业化起步早,在上海的辐射作用下,工业化发展迅猛,工业化指数为 0.91,是研究区工业化最为发达的地区之一。该区现阶段以工业化进程为主导,土地生态综合状况指数随着工业化进程的推进而呈上升趋势,继续保持良好的区域发展态势,是推进土地生态建设的最佳助力。从发展趋势分析,下一阶段城镇化对区域发展的作用将逐步加大,城镇化进程对土地生态的影响作用会逐步显现。因此,在土地生态优化建设过程中,应重视城镇化进度及生态环境效应,尽可能避免城镇化进程对土地生态保护的负向效用。

（3）Ⅱ₂区:该区处于高级正向耦合区,区域发展对土地生态负向作用减弱,并能改善土地生态综合状况。该区工业化进程处于Ⅲ阶段,城镇化进程已进入Ⅳ阶段,工业化进程滞后于城镇化进程,城镇化进程起主导作用。该区主要位于镇江京口区,是镇江城市核心区,由于镇江紧邻南京,一方面作为南京的重要腹地,承载了南京市产业输出、人口输出;另一方面又存在大量劳动力、自然资源向南京输入的情况,在正负双向作用拉力下,镇江市区域发展进程有别于其他地市,工业化、城镇化均处于研究区较低发展水平。考虑到地处城市核心区,城镇化对今后区域发展作用大。该区平均城镇化指数为 0.67,土地生态压力负荷指数、建设强度指数以及综合指数均处于下浮波动态势。从关联度、驱动力分析,人均 GDP、工业结构比重与土地生态建设指数关联度较强,人均 GDP 的增加会促进土地生态建设强度的加大;人口城镇化、土地城镇化与土地生态压力负荷指数关联度强,第三产业增加值比重、第三产业人员比重与土地生态建设指数关联度强。

（4）Ⅱ₃区:该区处于高级正向耦合区,区域发展对土地生态负向作用减弱,并能改善土地生态综合状况。该区工业化进程处于Ⅲ阶段,城镇化进程处于Ⅲ阶段,两者协同发展。该区主要位于无锡滨湖区,地处无锡城市近郊区,区内平均工业化指数为 0.56,平均城镇化指数为 0.49。综合工业化、城镇化与土地生态耦合关系,该阶段土地生态基础条件指数、建设强度指数均处于上升趋势,土地生态综合状况随着工业化进程的推进而有所改善,但是城镇化进程对土地生态综合状况存在负向作用的威胁。因此,在下一阶段区域发展进程中,在关注工业化进程的同时,更应重点关注城镇化进程。从关联度、驱动力分析,第三产业比重、第三产业从业人员比重与土地生态建设指数的关联度强。

（5）Ⅲ₁区:该区处于逆向耦合区,但是距离突变界线较近,区域发展对土地生态的负向作用较轻。区内工业化进程处于Ⅳ阶段,城镇化进程处于Ⅱ阶段,城镇化进程滞后于工业化进程,工业化进程起主导作用。该区地处城市近郊,现阶段以工业化进程为主导,区内平均工业化指数为0.60,土地生态基础条件指数呈缓慢下降趋势,压力负荷指数、建设强度指数下降趋势显著,表明该阶段土地生态保护存在严重威胁,随着工业化进程的进一步推进,应尽可能减小负向效应,持续关注土地生态建设,适度释放土地生态压力,提升土地生态综合状况。从关联度、驱动力分析,人均GDP与土地生态建设指数、非农产业人员比重与土地生态压力指数关联度较强。因此,在区域发展进程中,一方面,应持续加强经济建设,提高人均GDP,助推土地生态建设强度的加大;另一方面,应适度控制非农产业人员比重,合理释放土地生态压力,促进土地生态与区域建设协调发展。

(6)Ⅲ₂区:该区处于逆向耦合区,但是距离突变界线距离较近,区域发展对土地生态的负向作用较轻。区内工业化进程刚刚步入Ⅳ阶段,城镇化进程处于Ⅳ阶段,工业化进程略滞后于城镇化进程,城镇化进程起主导作用。该区地处城市核心区,现阶段以城镇化进程为主导,区内平均城镇化指数为0.63,土地生态基础条件指数呈缓慢上升趋势,压力负荷指数、建设强度指数下降趋势显著,表明该阶段,如何合理释放土地生态压力,加大土地生态建设力度是区域发展中的重点。从关联度、驱动力分析,人口城镇化、土地城镇化与土地生态压力负荷指数关联度强,第三产业增加值比重、第三产业人员比重与土地生态建设指数关联度强。因此,在区域发展进程中,应合理城镇化进程,放缓人口城镇化、土地城镇化步伐,减缓土地生态压力,加大土地生态建设力度。

(7)Ⅳ₂区:该区处于逆向耦合区,且远离突变界线,表明区域发展对土地生态的负向作用持续加大。区内工业化进程处于Ⅲ阶段,城镇化进程处于Ⅴ阶段,工业化进程滞后于城镇化进程,城镇化进程起主导作用。该区地处城市核心区,现阶段以城镇化进程为主导,区内平均城镇化指数为0.90,是研究区城镇化进程最发达的地区。从核心区土地生态与城镇化耦合关系分析,土地生态建设遇到瓶颈,建设指数持续下降,区内面临最为严峻的土地生态压力,土地生态压力负荷指数最小,基础条件指数波动下降,土地生态综合指数最小,表明该区土地生态保护存在严重威胁。从关联度、驱动力分析,核心区人口城镇化、土地城镇化与土地生态压力指数关联度强,第三产业增加值比重、第三产业人员比重与土地生态建设指数关联度强。由于该区人口城镇化、土地城镇化已处于高度发达阶段,可发展调控空间小,因此在区域发展进程中,应注重第三产业增加值比重、第三产业人员比重,可通过增加商业中心或向近郊区转移,缓解城市核心区的生态压力,改善土地生态综合状况。

(8) IV_3区:该区处于逆向耦合区,且远离突变界线,表明区域发展对土地生态的负向作用持续加大。该区工业化进程刚刚步入 V 阶段,城镇化进程处于 IV 阶段中后期,工业化、城镇化进程协同发展。该区主要位于苏州城市核心区,现阶段工业化、城镇化同步发展,平均工业化指数为 0.79,平均城镇化指数为 0.60,综合分析核心区土地生态与工业化、城镇化的耦合过程,土地生态基础条件指数、压力负荷指数、建设强度指数均呈下降趋势,土地生态保护的现势性不容忽视,区内生态建设薄弱是亟须解决的问题。从关联度、驱动力分析,人均 GDP、工业结构比重与土地生态建设指数关联度较强,人均 GDP 的增加会促进土地生态建设强度的加大;人口城镇化、土地城镇化与土地生态压力负荷指数关联度强,第三产业增加值比重、第三产业人员比重与土地生态建设指数关联度强。该区在区域发展进程中,应合理城镇化进程,缓解土地生态压力、强化土地生态建设双措并举,提升土地生态综合状况。

第七章 / 结 论

　　研究以现代化建设先行示范区的苏南地区为研究区,采用遥感解译、模型计算等手段集成建立了土地生态基础数据库,通过界定土地生态内涵,从生态基础、生态压力、生态建设三个层面建立了土地生态综合评价体系,精细评价了研究区土地生态综合状况并分析其空间差异特征。在此基础上,基于土地生态与工业化、城镇化及区域发展的耦合关系分析,研究了两者的耦合关联度以及驱动作用,引入突变模型诊断识别土地生态与区域发展的耦合状态,划分了土地生态—区域发展耦合建设综合分区,并制定了相应的土地生态优化建设对策,研究得到以下主要结论。

(一) 研究区土地生态综合状况总体呈现东高西低、郊区高于城市的态势,其基础条件、压力负荷、建设强度状况空间分布规律存在差异

　　从基础条件、压力负荷、建设强度三个层面综合评价土地生态状况,研究区土地生态综合状况指数为[0.26,0.63],均值为 0.45,长江沿岸(0.55)、环太湖区域(0.53)以及西南部丘陵区(0.52)土地生态条件优越,人口分布密度低或土地生态建设强度大,土地生态综合状况优越,而南京、苏州市区等老城区(0.27)人口分布密集,土地生态承载压力大,土地生态综合状况较差。土地生态基础条件指数表现为西部低山丘陵区(0.47)略优于东部平原区(0.44);压力负荷指数与城乡梯度显著相关,城市区土地生态承载压力大,生态负荷指数低(0.77);建设强度指数空间分布差异大(变异系数为 55%),呈现东部平

原区(0.19)高于西部低山丘陵区(0.09)的态势。

土地生态状况在空间上具有关联性,且基础条件指数关联最为紧密,Moran 指数为 0.89;综合状况指数空间关联性最差,Moran 指数为 0.72。随着离城市中心距离的增加,土地生态综合状况逐渐变好($R=0.567,p<0.01$),基础条件稳步提升($R=0.945,p<0.01$),但土地生态建设状况呈现出先升后降的变化趋势($R=-0.651,p<0.01$)。城市远郊区(>55 km)土地生态综合状况优于城市内核区(<15 km),且变化幅度表现为内核区>外核区>近郊区>远郊区;土地生态压力减小($R=0.836,p<0.01$)。

(二) 研究区土地生态与区域发展的空间耦合关联性较高,土地生态综合状况随工业化水平的提高下降显著,随城镇化水平的提高呈先升后降的趋势

研究区土地生态综合状况随着工业化水平的提高呈显著下降趋势($R=-0.97$),工业化水平与基础条件指数($R=-0.86$)、压力负荷指数($R=-0.84$)呈负相关,与建设强度指数呈正相关($R=0.94$)。工业化水平与土地生态基础条件指数、压力负荷指数的耦合关联度较强,关联度分别达 0.61、0.62,与建设强度指数耦合关联度为适度耦合(0.50)。工业化进程对基础条件的影响作用减弱,对压力负荷和建设强度的影响作用加剧,工业化水平与基础条件状况耦合关联度由 0.65 降至 0.57,而与压力负荷状况耦合关联度由 0.52 提升至 0.68,与建设状况耦合关联度由 0.40 提升至 0.57。土地生态压力负荷指数与非农产业比重、非农产业从业人员比重呈负相关;人均 GDP 与基础条件指数呈负相关,与建设强度指数呈正相关。城乡梯度分析表明,工业化与基础条件耦合关联度呈现远郊区>城郊区>城市区,与压力负荷呈现城市区>城郊区>远郊区,与建设强度呈现城市区>城郊区>远郊区。

研究区土地生态综合状况随着城镇化水平的提高而呈先升后降的倒 U 型曲线($R^2=0.99,p<0.01$),土地生态基础条件指数与城镇化水平关系不显著($R^2=0.20,p<0.5$),压力负荷指数呈持续下降的趋势($R^2=0.94,p<0.05$),建设强度指数呈先升后降的倒 U 型曲线($R^2=0.94,p<0.05$)。城镇

化水平与土地生态基础条件指数、压力负荷指数耦合关联度较强(0.63、0.62),与建设强度指数耦合关联度为适度耦合(0.49)。城镇化进程对土地生态基础条件影响作用逐步减弱,对建设强度的影响作用则趋于增强,对压力负荷影响作用先减弱后增强,城镇化水平与基础条件状况耦合关联度由 0.68 下降至 0.55,与压力负荷指数耦合关联度则表现为先降后升的态势,与建设强度指数耦合关联度由 0.36 提升至 0.74。土地生态压力负荷指数与第三产业从业人员比重、人口城镇化率呈负相关,土地城镇化率与基础条件指数呈负相关,与建设强度呈正相关。城乡梯度分析表明,城镇化与基础条件耦合关联度呈现远郊区>城郊区>城市区,与压力负荷耦合关联度呈现城市区>远郊区>城郊区;与建设强度耦合关联度呈现城市区>城郊区>远郊区。

(三) 研究区土地生态与区域发展耦合状态以初级正向、轻度逆向为主,土地生态保护与区域发展矛盾逐渐显现,土地生态的优化建设与管控应予高度重视

基于突变模型对土地生态与区域发展的耦合状态进行了诊断识别,结果发现研究区土地生态综合状况与区域发展之间呈现初级正向耦合、高级正向耦合、轻度逆向耦合、重度逆向耦合 4 种状态。其中,初级正向耦合状态涉及 11 个县,占研究区总面积的 48.51%,主要分布在西部宁镇扬丘陵区以及南部环太湖平原区,土地生态与区域发展的矛盾尚未显现,但存在较大的生态风险;高级正向耦合状态涉及 3 个县,占研究区总面积的 5.99%,土地生态与区域建设协调发展,土地生态状况良好;轻度逆向耦合状态涉及 21 个县,主要分布在城郊区,占研究区总面积的 43.97%,区域发展对土地生态的影响和矛盾冲突已逐渐显现,土地生态状况趋于恶化;重度逆向耦合状态涉及 11 个县,主要分布在城市中心城区,占研究区总面积的 1.53%,土地生态保护与区域发展间矛盾冲突严重。

（四）综合耦合状态及区域发展工业化、城镇化两大进程协同性的
评价结果，实现了土地生态与区域发展耦合建设综合分区，明
确了土地生态优化建设的分区对策

综合耦合状态和区域发展协同性评价结果，研究区可划分为工业化主导
发展—初级正向耦合、工业化主导发展—高级正向耦合、城镇化主导发展—高
级正向耦合、工业化城镇化协同发展—高级正向耦合、工业化主导发展—轻度
逆向耦合、城镇化主导发展—轻度逆向耦合、城镇化主导发展—重度逆向耦
合、工业化城镇化协同发展—重度逆向耦合等 8 种土地生态—区域发展耦合
建设综合分区，其中工业化主导发展的初级正向耦合区及轻度逆向耦合区占
比最大，面积分别达到总面积的 48.51% 和 40.35%。

基于环境库兹涅茨概念模型构建了土地生态建设的四种基本模式，其中
"边发展边保护"模式强调区域发展与土地生态保护并重，追求区域发展和生
态保护的双赢；"先保护后发展"模式强调先注重土地生态保护，后期生态建设
力度滞后于区域发展；"先发展后保护"模式强调先重视区域发展，在区域发展
到一定程度时加强土地生态保护；"重发展轻保护"模式强调区域发展高于一
切，为了确保区域发展不惜牺牲土地生态环境。综合分析四种模式，结果表明
"边发展边保护"的土地生态建设模式是实现区域可持续发展的最优路径。结
合工业化、城镇化、区域发展与土地生态耦合作用机制，本研究提出了土地生
态优化建设对策措施，为研究区的未来区域发展提供理论基础和决策支持。

参考文献

Ahern J, Cilliers S, Niemelä J. The concept of ecosystem services in adaptive urban planning and design: A framework for supporting innovation[J]. Landscape & Urban Planning, 2014, 125(10):254 – 259.

Alfred Rühl. Stadien undtypen der industrialisierung: Ein beitrag zur quantitativen analyse historischer wirtschaftsprozesse[J]. Jahrbücher für National konomie und Statistik, 1933, 84(3): 453 – 454.

Anselin L. Interactive techniques and exploratory spatial data analysis[J]. Geographical Information Systems Principles Techniques Management & Applications, 1999, 47(2): 415 – 421.

Arrow K, Bolin B, Constanza R, et al. Economic growth, carrying capacity and the environment science[J]. Ecological Economics, 1995, 15(1): 89 – 90.

ASCE. A guide for best management practice (BMP) selection in urban developed areas[M]. ASCE, 2015.

Beckerman W. Economic growth and the environment: whose growth? whose environment? [J]. World Development, 1992, 20(4):481 – 496.

Bennett E M, Cramer W, Begossi A, et al. Linking biodiversity, ecosystem services, and human well-being: three challenges for designing research for sustainability[J]. Current Opinion in Environmental Sustainability, 2015, 14:76 – 85.

Byron C J, Jin D, Dalton T M. An integrated ecological – economic modeling framework for the sustainable management of oyster farming [J]. Aquaculture, 2015, 447:15 – 22.

Cai Y P, Huang G H, Tan Q, et al. Identification of optimal strategies for improving eco-resilience to floods in ecologically vulnerable regions of a wetland[J]. Ecological Modelling, 2011, 222(2):360 – 369.

Cardillo M, Purvis A, Sechrest W, et al. Humanpopulation density and extinction risk in the world's carnivores[J]. Plos Biology, 2004, 2(7): E197.

Chambers N, Simmons C, Wackernagel M. Sharing nature's interest: ecological footprints as an indicator of sustainability[M]. 2000.

Chen J. Rapid urbanization in China: A real challenge to soil protection and food security[J]. Catena, 2007, 69(1):1 – 15.

Chenery H B, Robinson S, Syrquin M, et al. Industrialization and growth: a comparative study[M]. Published for the World Bank [by] Oxford University Press, 1986.

Chenery H B, Syrquin M, Elkington H. Patterns of development, 1950— 1970[J]. African Economic History, 1975(2).

Cheng J, Masser I. Urban growth pattern modeling: a case study of Wuhan city, PR China[J]. Landscape & Urban Planning, 2013, 62(2): 199 – 217.

Cleveland C J, Costanza R, Hall C A, et al. Energy and the U. S. economy: a biophysical perspective[J]. Science, 1984, 225: 890 – 897.

Core writing team: Corvalan C, Hales S, McMichael A, et al. Ecosystems and human well-being: health synthesis: A report of the Millennium Ecosystem Assessment[M]. World Health Organization, 2005.

Costanza R, Paruelo J, Raskin R G, et al. The value of the world's ecosystem services and natural capital[J]. Nature, 1997, 387(6630): 253 - 260.

Deng X, Du J. Land Quality: Environmental andhuman health effects[M]. Encyclopedia of Environmental Health, 2011:362 - 365.

Deng X, Huang J, Rozelle S, et al. Impact of urbanization on cultivated land changes in China[J]. Land Use Policy, 2015, 45(45):1 - 7.

FAO. A framework for land evaluation[M]. Rome: Soils bulletin, 1976.

Forbes V E, Calow P. Population growth rate as a basis for ecological risk assessment of toxicchemicals[J]. Philosophical Transactions of the Royal Society of London, 2002, 357(1425):1299 - 306.

Franklin J F. Preserving biodiversity: species, ecosystems or landscape? [J]. Ecological Applications, 1993, 3(2): 202 - 205.

Friedmann J. Regional development policy: a case study of Venezuela / John Friedmann[J]. Urban Studies, 1966, 4(3):309 - 311.

Friedmann J. A General Theory ofpolarized development[J]. Hansen N Growth Centers in Régional Economie Development, 1967.

George P M. Man and nature or physical geography as modified by human action[M]. NewYork,1964.

Graham R L, Jackson B L. Ecological risk assessment at the regional scale [J]. Ecological Applications, 1991, 1(2): 196 - 206.

Grossman G M, Krueger A B. Environmentalimpacts of a north American free trade agreement[J]. Social Science Electronic Publishing, 1992, 8 (2):223 - 250.

Grossman G M, Yanagawa Noriyuki. Assetbubbles and endogenous growth [J]. Journal of Monetary Economics, 1992, 31(1):3 - 19.

Häyhä T, Franzese P P. Ecosystem services assessment:a review under an ecological-economic and systems perspective[J]. Ecological Modelling,

2014，289(1793)：124－132.

Harte J. Maximum entropy and ecology：a theory of abundance, distribution, and energetics[M]. New York：Oxford University Press, 2011.

Hirschman. The strategy of economic development [J]. Ekonomisk Tidskrift, 1958, 50(199)：1331－1424.

Hoover E M, Fisher J L. Research inregional economic growth[M]. National Bureau of Economic Research, Inc, 1949.

Hotelling H. Relations between two sets of variates[J]. Biometrika, 1992, 28(28)：321－377.

Hu Y, Liu X, Bai J, et al. Assessing heavy metal pollution in the surface soils of a region that had undergone three decades of intense industrialization and urbanization [J]. Environmental Science and Pollution Research, 2013, 20(9)：6150－6159.

Hua Y E, Yan M A, Dong L. Landecological security assessment for bai autonomous prefecture of Dali based using PSR model—with data in 2009 as case[J]. Energy Procedia, 2011, 5(22)：2172－2177.

Jenny H. Arrangement ofsoil series and types according to functions of soil-forming factors[J]. Soil Science, 1946, 61(5)：375－392.

Jia J, Deng H, Duan J, et al. Analysis of the major drivers of the ecological footprint using the STIRPAT model and the PLS method—A case study in Henan Province, China[J]. Ecological Economics, 2009, 68(11)：2818－2824.

Jin Y. Ecological civilization：from conception to practice in China[J]. Clean Technologies and Environmental Policy, 2008, 10(2)：111－112.

Kaldor N. Amodel of economic growth[J]. Economic Journal, 1957, 67(268)：591.

Kalnay B E, Cai M. Impact of urbanization and land-use change on climate

［C］. Nature，2010.

Kuznets S. Economicgrowth and income inequality［J］. American Economic Review，2002，45(45):1 - 28.

Lathrop R G，Bognar J A. Applying GIS and landscape ecological principles to evaluate land conservation alternatives［J］. Landscape & Urban Planning，1998，41(1): 27 - 41.

Lausch A，Blaschke T，Haase D，et al. Understanding and quantifying landscape structure - a review on relevant process characteristics，data models and landscape metrics［J］. Ecological Modelling，2015，295(1): 31 - 41.

Li B，Chen D，Wu S，et al. Spatio-temporal assessment of urbanization impacts on ecosystem services: Case study of NanjingCity，China［J］. Ecological Indicators，2016，71:416 - 427.

Li X，Tian M，Wang H，et al. Development of an ecological security evaluation method based on the ecological footprint and application to a typical steppe region in China［J］. Ecological Indicators，2014，39(4): 153 - 159.

Ligmann-Zielinska A，Jankowski P. Spatially-explicit integrated uncertainty and sensitivity analysis of criteria weights in multicriteria land suitability evaluation［J］. Environmental Modelling & Software，2014，57(4):235 - 247.

Marsh G P，Lowenthal D. Man and nature ［J］. Organization & Environment，1965，15(2):170 - 177.

Matson P A，Vitousek P M. Agriculturalintensification: Will land spared from farming be land spared for nature? ［J］. Conservation Biology the Journal of the Society for Conservation Biology，2006，20(3):709 - 710.

Mcharg I L. Design with nature［J］. Inner Harbor，1969.

Mckee J. Internationalbiological program[J]. Science, 1970, 170(3956):
471 - 472.

Meadows D H, Meadows D L, Randers J, et al. The limits to growth. A
report for the Club of Rome's project on the predicament of mankind
[J]. The Journal of Politics, 1973, 35(2):323 - 334.

Messing I, Fagerstrom M H H, Chen L, et al. Criteria for land suitability
evaluation in a small catchment on the Loess Plateau in China[J].
Catena, 2003, 54(s1 - 2): 215 - 234.

Milne G. Some suggested units of classification and particularly for East
African soils[J]. Soil Research. 1935, 4:183 - 198.

Mulligan G F. Logistic population growth in the world's largest cities[J].
Geographical Analysis, 2006, 38(4): 344 - 370.

Musacchio L R. The ecology and culture of landscape sustainability:
emerging knowledge and innovation in landscape research and practice
[J]. Landscape Ecology, 2009, 24(8):989 - 992.

Myrdal G. Economic theory and under-developed regions[M]. Harper &
Brothers Publishers, 1957.

Northam R M. Urbangeography[M]. New York: John Wiley & Sons,
1979, 65 - 67.

Odum E P. The strategy of ecosystem development[J]. Science, 1969, 164
(3877):262 - 270.

Parachini M L, Pacini C, Jones M L M, et al. An aggregation framework to
link indicators associated with multifunctional land use to the
stakeholder evaluation of policy options [J]. Ecological Indicators,
2011, 11(1): 71 - 80.

Pananyotou T. Demystifying the enviroment Kuznets curve: turning a black
box into a policy tool[J]. Environment & Development Economics,
2001, 2(4): 465 - 484.

Peng J, Liu Y, Li T, et al. Regional ecosystem health response to rural land use change: A case study in Lijiang City, China[J]. Ecological Indicators, 2017, 72:399 – 410.

Perroux F. Economic space: Theory and applications[J]. Quarterly Journal of Economics, 1950, 64(1):89.

Pieri C J M G, BankW. Land quality indicators[J]. World Bank Discussion Papers, 1995, 81:93 – 102.

Ploeg R R V D, Böhm W, Kirkham M B. On the origin of the theory of mineral nutrition of plants andthe Law of the Minimum[J]. Soil Science Society of America Journal, 1999, 63(5):1055 – 1062.

Ploeg S W F V D, Vlijm L. Ecological evaluation, nature conservation and land use planning with particular reference to methods used in the Netherlands[J]. Biological Conservation, 1978, 14(3):197 – 221.

Portnov B A, Safriel U N. Combating desertification in the Negev: Dryland agriculture vs. dryland urbanization[J]. Journal of Arid Environments, 2004, 56(4):659 – 680.

Poschlod P, Bakker J P, Kahmen S. Changing land use and its impact on biodiversity[J]. Basic & Applied Ecology, 2005, 6(2):93 – 98.

Rozelle S. Ruralindustrialization and increasing inequality: Emerging patterns in China's reforming economy[J]. Journal of Comparative Economics, 1994, 19(3):362 – 391.

Selden T M, Song D. Environmental quality and development: Is there a Kuznets curve for air pollution emissions? [J]. Journal of Environmental Economics & Management, 1994, 27(2): 147 – 162.

Selden T M, Song D. Neoclassical growth, the J curve for abatement, and the inverted U curve for pollution[J]. Environmental & Management, 1995, 29(2): 162 – 168.

Stöhr W, Tödtling F. Spatial equity: Some anti-theses to current regional development doctrine[M]. Springer Netherlands, 1979:33 – 53.

Su S, Li D, Yu X, et al. Assessing land ecological security in Shanghai (China) based on catastrophe theory[J]. Stochastic Environmental Research and Risk Assessment, 2011, 25(6):737 – 746.

Sun H, Gan Z M, Yan J P. The impacts of urbanization on soil erosion in the Loess Plateau region[J]. Journal of Geographical Sciences, 2001, 11(3):282 – 290.

Tan M, Li X, Xie H, et al. Urban land expansion and arable land loss in China—A case study of Beijing – Tianjin – Hebei region[J]. Land Use Policy, 2005, 22(3):187 – 196.

Tang J, Zhu Y F, Zhao-Yang L I, et al. Evaluation onecological security of land resources in ecotone between farming and animal raising in Northeastern China: A Case Study of Zhenlai County[J]. Journal of Arid Land Resources & Environment, 2006.

Troll C. Bemerkungen zum Atlantischenproblem, geäußert im Anschluß an die drei ozeanographischen Beiträge[J]. Geologische Rundschau, 1939, 30(3):384 – 386.

Tuazon D, Corder G D, Mclellan B C S. Sustainabledevelopment: Areview of theoretical contributions[J]. International Journal of Sustainable Future for Human Security, 2013, 1(1):40 – 48.

Tubbs C R, Blackwood J W. Ecological evaluation of land for planning purposes[J]. Biological Conservation, 1971, 3(3):169 – 172.

Veatch J O. Application of soil classification to forestry and silviculture[J]. Soil Science Society of America Journal, 1924(1):53 – 57.

Verburg P H. Simulating feedbacks in land use and land cover change models[J]. Landscape Ecology, 2006, 21(8):1171 – 1183.

Wei Y D, Fan C C. Regionalinequality in China: A case study of Jiangsu Province[J]. Professional Geographer, 2000, 52(3):455 – 469.

Williamson J G. Regionalinequality and the process of national development:
　　A description of the patterns[J]. Economic Development and Cultural
　　Change, 1965, 17(13):1-84.

Wu J. Landscape sustainability science: Ecosystem services and human well-
　　being in changing landscapes[J]. Landscape Ecology, 2013, 28(6):
　　999-1023.

Yang H, Huang X, Thompson J R, et al. Soilpollution: Urban brownfields
　　[J]. Science, 2014, 344(6185):691-692.

蔡运龙. 中国经济高速发展中的问题[J]. 资源科学,2000,22(3):24-28.

曹伟. 城乡统筹发展下区域土地精明利用模式研究——以南京市浦口区为例
　　[D]. 南京:南京大学,2011.

曹文莉,张小林,潘义勇,等. 发达地区人口、土地与经济城镇化协调发展度研
　　究[J]. 中国人口·资源与环境,2012(02):141-146.

曹宇,欧阳华,肖笃宁,等. 额济纳天然绿洲景观变化及其生态环境效应[J]. 地
　　理研究,2005,24(1):130-139.

曾大林,纪凡荣,李山峰. 中国省际低碳农业发展的实证分析[J]. 中国人口·
　　资源与环境,2013(11):30-35.

昌亭,周生路,戴靓,等. 金坛市土地生态质量的城乡梯度规律研究[J]. 水土保
　　持研究,2014,21(3):130-135.

陈炳禄,陈新庚,吴群河. 湛江市土地利用生态适宜性评价[J]. 中山大学学报
　　(自然科学版),1998(S2):221-224.

陈成忠,林振山,梁仁君. 基于生态足迹方法的中国生态可持续性分析[J]. 自
　　然资源学报,2008,23(2):230-236.

陈栋生. 西部经济崛起之路[M]. 上海:上海远东出版社,1996.

陈多长. 长江三角洲局部地区土壤污染的社会经济原因及其对策探讨[J]. 长
　　江流域资源与环境,2009,18(10):943.

陈凤桂,张虹鸥,吴旗韬,等. 我国人口城镇化与土地城镇化协调发展研究[J].
　　人文地理,2010(5):53-58.

陈桂坤,张蕾娜,程锋,等.数量质量并重管理的耕地保护政策研究[J].中国土地科学,2009,23(12):39-43.

陈荷生.克里雅河流域生态环境变化与水资源合理利用[J].中国沙漠,1990(03):4-15.

陈佳贵,黄群慧,吕铁,等.工业化蓝皮书:中国工业化进程报告(1995—2010)[M].北京:社会科学文献出版社,2012.

陈佳贵,黄群慧,钟宏武,等.中国工业化进程报告[M].北京:中国社会科学出版社,2007.

陈家泽.梯度推移和发展极-增长点理论研究[J].经济研究,1987(3):33-39.

陈江龙,高金龙,徐梦月,等.南京大都市区建设用地扩张特征与机理[J].地理研究,2014(03):427-438.

陈利顶,刘洋,吕一河,等.景观生态学中的格局分析:现状、困境与未来[J].生态学报,2008(11):5521-5531.

陈明星,陆大道,张华.中国城市化水平的综合测度及其动力因子分析[J].地理学报,2009(04):387-398.

陈睿山,蔡运龙.土地变化科学中的尺度问题与解决途径[J].地理研究,2010,29(7):1244-1256.

陈彦光.城市化水平增长曲线的类型、分段和研究方法[J].地理科学,2012(01):12-17.

陈彦光,周一星.城市化 Logistic 过程的阶段划分及其空间解释——对Northam 曲线的修正与发展[J].经济地理,2005,25(6):817-822.

陈燕飞,杜鹏飞,郑筱津,等.基于 GIS 的南宁市建设用地生态适宜性评价[J].清华大学学报(自然科学版),2006,46(6):801-804.

陈宜瑜.中国湿地研究[M].长春:吉林科学技术出版社,1995:153-160.

陈颖,石培基,赵峥,等.基于生态服务价值核算的土地利用总体规划生态效益评价——以甘肃省民乐县为例[J].土壤通报,2013,44(3):532-537.

程晋南,赵庚星,李红,等.基于 RS 和 GIS 的土地生态环境状况评价及其动态变化[J].农业工程学报,2008,24(11):83-88.

程伟,吴秀芹,蔡玉梅.基于 GIS 的村级土地生态评价研究——以重庆市江津区燕坝村为例[J].北京大学学报(自然科学版),2012,48(6):982-988.

崔木花.中原城市群 9 市城镇化与生态环境耦合协调关系[J].经济地理,2015,35(7):72-78.

戴俊骋,周尚意.基于三角模型的中国城市动漫产业竞争力评价[J].经济地理,2009(10):1612-1618.

戴靓,姚新春,周生路,等.长三角经济发达区金坛市土地生态状况评价[J].农业工程学报,2013,29(8):249-257.

戴西超,谢守祥,丁玉梅.技术—经济—社会系统可持续发展协调度分析[J].统计与决策,2005(6):29-32.

邓华,邵景安,王金亮,等.多因素耦合下三峡库区土地利用未来情景模拟[J].地理学报,2016,71(11):1979-1997.

邓聚龙.灰色系统教程[M].武汉:华中理工大学出版社,1990.

邓南荣,张金前,冯秋扬,等.东南沿海经济发达地区农村居民点景观格局变化研究[J].生态环境学报,2009,18(3):984-989.

邸向红,侯西勇,徐新良,等.山东省生态系统服务价值时空特征研究[J].地理与地理信息科学,2013(06):116-120.

董祚继.新时期耕地保护的总方略[J].中国土地,2017(02):8-11.

杜习乐,吕昌河.黄土高原区县域发展指数综合评价[J].经济地理,2016,36(6):34-41.

段翰晨,颜长珍,马如兰,等.兰州市南北两山生态建设效应的遥感监测[J].中国沙漠,2011,31(2):456-463.

鄂竞平.中国水土流失与生态安全综合科学考察总结报告[J].中国水土保持,2008(12):3-6.

E.纳夫,林超.景观生态学发展阶段[J].地理科学进展,1984,3(3):1-6.

范柏乃,张维维,贺建军.我国经济发展测度指标的研究述评[J].经济问题探索,2013(4):135-140.

方创琳,周成虎,顾朝林,等.特大城市群地区城镇化与生态环境交互耦合效应解析的理论框架及技术路径[J].地理学报,2016,71(4):531-550.

费孝通.小城镇·再探索(之二)[J].瞭望,1984(21):24-25.

冯碧梅.湖北省低碳经济评价指标体系构建研究[J].中国人口·资源与环境,2011(03):54-58.

傅伯杰.土地生态系统的特征及其研究的主要方面[J].生态学杂志,1985(01):35-38.

傅伯杰.景观多样性分析及其制图研究[J].生态学报,1995a,15(4):345-350.

傅伯杰.黄土区农业景观空间格局分析[J].生态学报,1995b,15(2):113-120.

傅伯杰,陈利顶,马克明,等.景观生态学原理及应用[M].北京:科学出版社,2011.

傅伯杰,吕一河,陈利顶,等.国际景观生态学研究新进展[J].生态学报,2008,28(2):798-804.

傅国华,许能锐.生态经济学[M].北京:经济科学出版社,2014.

高宾,李小玉,李志刚,等.基于景观格局的锦州湾沿海经济开发区生态风险分析[J].生态学报,2011,31(12):3441-3450.

高照良,张晓萍,穆兴民.黄土丘陵区参与式生态环境现状及未来建设调查研究——以陕西省安塞县大南沟流域为例[J].干旱地区农业研究,2004,22(4):178-183.

郭书海,李刚,李凤梅,等.辽宁省土壤污染概况及污染防治技术需求[J].环境保护科学,2016,42(4):11-13.

郭伟.北京地区生态系统服务价值遥感估算与景观格局优化预测[D].北京:北京林业大学,2012.

郭旭东,谢俊奇.中国土地生态学的基本问题、研究进展与发展建议[J].中国土地科学,2008(01):4-9.

郭志刚.社会统计分析方法:SPSS软件应用[M].北京:中国人民大学出版社,1999.

国务院发展研究中心课题组.中国区域协调发展战略[R].中国经济出版社,
　　1994.

贺红士,肖笃宁.景观生态——一种综合整体思想的发展[J].应用生态学报,
　　1990(03):264-269.

何剑锋,庄大方.长江三角洲地区城镇时空动态格局及其环境效应[J].地理研
　　究,2006,25(3):388-396.

何永祺.土地科学的对象、性质、体系及其发展[J].中国土地科学,1990,4(2):
　　1-4.

侯玉乐,李钢,渠俊峰,等.基于改进灰靶模型的土地生态安全评价——以江苏
　　省徐州市为例[J].水土保持研究,2017,24(1):285-290.

胡和兵,刘红玉,郝敬锋,等.流域景观结构的城市化影响与生态风险评价[J].
　　生态学报,2011,31(12):3432-3440.

胡喜生,洪伟,吴承祯.福州市土地生态系统服务与城市化耦合度分析[J].地
　　理科学,2013(10):1216-1223.

胡仪元,王晓霞.生态经济视角下的发展悖论探析[J].生态经济,2011(10):
　　73-76.

黄砺,王佑辉,吴艳.中国建设用地扩张的变化路径识别[J].中国人口·资源
　　与环境,2012,22(9):54-60.

姜汝祥.综述:中国西部发展研究1980—1990(续)[J].开发研究,1993(2):
　　27-32.

焦秀琦.世界城市化发展的S型曲线[J].城市规划,1987,2:34-38.

景贵和.土地生态评价与土地生态设计[J].地理学报,1986(01):1-7.

景贵和.我国东北地区某些荒芜土地的景观生态建设[J].地理学报,1991,46
　　(1):8-15.

莱切尔·卡逊.寂静的春天[M].吕瑞兰,李长生,译.上海:上海译文出版社,2015.

莱斯特·R.布朗.生态经济:有利于地球的经济构想[M].林自新,等译.北
　　京:东方出版社,2002.

黎代恒.桂西南喀斯特山区土地资源与开发[J].人文地理,1994(04):68-78.

李答民. 区域经济发展评价指标体系与评价方法[J]. 西安财经学院学报,2008 (05):28－32.

李冠英,张建新,刘培学,等. 南京市土地利用效益耦合关系研究[J]. 地域研究 与开发,2012,31(1):130－134.

李国旗,安树青,陈兴龙,等. 生态风险研究述评[J]. 生态学杂志,1999,18(4): 57－64.

李浩鑫,邵东国,何思聪,等. 基于循环修正的灌溉用水效率综合评价方法[J]. 农业工程学报,2014,30(5):65－72.

李玲,侯淑涛,赵悦,等. 基于 P-S-R 模型的河南省土地生态安全评价及预测 [J]. 水土保持研究,2014,21(1):188－192.

李双成,蔡运龙. 基于能值分析的土地可持续利用态势研究[J]. 经济地理, 2002(03):346－350.

李双成,黄姣,邵晓梅,等. 区域生态补偿与土地生态安全[J]. 中国土地科学, 2011,25(5):39－41.

李团胜. 陕北黄土丘陵区土地生态设计[J]. 干旱地区农业研究,1989(03): 94－100.

李小建. 新产业区与经济活动全球化的地理研究[J]. 地理科学进展,1997,16 (3):16－23.

李昕,文婧,林坚. 土地城镇化及相关问题研究综述[J]. 地理科学进展,2012 (08):1042－1049.

李鑫,欧名豪,肖长江,等. 基于景观指数的细碎化对耕地生产效率影响研究 [J]. 长江流域资源与环境,2012,21(6):707－713.

李馨,石培基. 城市土地利用与经济协调发展度评价研究——以天水市为例 [J]. 干旱区资源与环境,2011,25(3):33－37.

李秀彬,郝海广,冉圣宏,等. 中国生态保护和建设的机制转型及科技需求[J]. 生态学报,2010,30(12):3340－3345.

李彦. 区域土地利用系统协同管理的理论与方法研究[D]. 南京:南京农业大 学,2010.

李永实,李娜. 城市化快速发展阶段的土地供给研究[J]. 科技和产业,2008
(04):34 - 37.

李玉涛. 新产业区的区域创新环境分析[J]. 延边大学学报(社会科学版),2000
(1):54 - 57.

李昭阳. 多源遥感数据支持下的松嫩平原生态环境变化研究[D]. 长春:吉林
大学,2006.

连纲,郭旭东,傅伯杰,等. 基于参与性调查的农户对退耕政策及生态环境的认
知与响应[J]. 生态学报,2005,25(7):1741 - 1747.

连纲,虎陈霞,刘卫东. 公众对耕地保护及多功能价值的认知与参与意愿研
究——基于浙江省苍南县的实证分析[J]. 生态环境,2008,17(5):1908 -
1913.

梁红梅,刘卫东,刘会平,等. 深圳市土地利用社会经济效益与生态环境效益的
耦合关系研究[J]. 地理科学,2008,28(5):636 - 641.

梁勇,成升魁,闵庆文. 生态足迹方法及其在城市交通环境影响评价中的应用
[J]. 武汉理工大学学报(交通科学与工程版),2004,28(6):821 - 824.

廖晓昕. 稳定性的理论、方法和应用[M]. 武汉:华中科技大学出版社,2010.

林坚. 中国城乡建设用地增长研究[M]. 北京:商务印书馆,2009.

凌复华. 突变理论及其应用[M]. 上海:上海交通大学出版社,1987.

刘红玉,赵志春. 中国湿地资源及其保护研究[J]. 资源科学,1999,21(6):34 -
37.

刘惠清,许嘉巍. 长春城市土地生态区的生态建设[J]. 地理研究,1999,18(3):
267 - 272.

刘家强. "苏南模式"形成机制探析[J]. 理论与改革,1997(09):13 - 14.

刘建武. 我国东西部经济关系理论讨论述评[J]. 当代经济科学,1990(2):93 -
96.

刘睿文,封志明,游珍. 中国人口集疏格局与形成机制研究[J]. 中国人口·资
源与环境,2010,20(3):89 - 94.

刘新卫,张定祥,陈百明. 快速城镇化过程中的中国城镇土地利用特征[J]. 地

理学报,2008,63(3):301-310.

刘兴土.我国湿地的主要生态问题及治理对策[J].湿地科学与管理,2007,3(1):18-22.

刘彦随,冯德显.三峡库区土地持续利用潜力与途径模式[J].地理研究,2001,20(2):139-145.

刘焱序,王仰麟,彭建,等.耦合恢复力的林区土地生态适宜性评价——以吉林省汪清县为例[J].地理学报,2015,70(3):476-487.

刘耀林,李纪伟,侯贺平,等.湖北省城乡建设用地城镇化率及其影响因素[J].地理研究,2014(01):132-142.

刘宇辉,彭希哲.基于生态足迹模型的中国发展可持续性评估[J].中国人口·资源与环境,2004(05):60-65.

刘志彪,章寿荣.苏南现代化建设示范区的五大愿景[J].群众,2013(6):11-13.

楼江,宦旻婷,李静.上海市土地供给与经济增长关系研究[J].经济论坛,2010(11):94-96.

陆大道.中国区域发展的新因素与新格局[J].地理研究,2003(03):261-271.

陆大道,姚士谋,李国平,等.基于我国国情的城镇化过程综合分析[J].经济地理,2007(06):883-887.

鲁道夫·吕贝尔特.工业化史[M].上海:上海译文出版社,1993.

鲁德银.土地城镇化过程的中国路径及其优化研究[J].农业经济,2010(5):41-42.

卢远,刘卓颖.广西横县土地生态经济分区研究[J].热带地理,2003,23(4):345-349.

罗海江,白海玲,王文杰,等.面向生态监测与管理的国家级土地生态分类方案研究[J].中国环境监测,2006(05):57-61.

罗杰·珀曼,马越,詹姆斯·麦吉利夫雷,等.自然资源与环境经济学[M].北京:中国经济出版社,2002.

罗铭,陈艳艳,刘小明.交通—土地利用复合系统协调度模型研究[J].武汉理工大学学报(交通科学与工程版),2008,32(4):585-588.

罗斯托.经济成长的阶段[M].北京:商务印书馆,1962.

罗翔,罗静,张路.耕地压力与中国城镇化——基于地理差异的实证研究[J].中国人口科学,2015(4):47-59.

罗小龙,张京祥,江晓峰.苏南模式变迁中的小城镇发展及其思考[J].城市规划学刊,2000(5):26-27.

吕萍.土地城市化与价格机制研究[M].北京:中国人民大学出版社,2008.

吕晓,黄贤金.建设用地扩张的研究进展及展望[J].地理与地理信息科学,2013(06):51-58.

吕晓,黄贤金,钟太洋,等.土地利用规划对建设用地扩张的管控效果分析——基于一致性与有效性的复合视角[J].自然资源学报,2015(02):177-187.

吕一河,陈利顶,傅伯杰.景观格局与生态过程的耦合途径分析[J].地理科学进展,2007,26(3):1-10.

马克明,傅伯杰,黎晓亚,等.区域生态安全格局:概念与理论基础[J].生态学报,2004(04):761-768.

马世骏,王如松.社会—经济—自然复合生态系统[J].生态学报,1984(01):1-9.

迈克尔·P.托达罗.经济发展与第三世界[M].印金强,等译.北京:中国经济出版社,1992.

门宝辉,梁川.物元模型在土地生态系统定量评价中的应用[J].水土保持学报,2002(06):62-65.

倪九派,魏朝富,谢德体.土地利用的生态位及调控机制的研究[J].农业工程学报,2005(z1):113-115.

聂春霞,何伦志,甘昶春.城市经济、环境与社会协调发展评价——以西北五省会城市为例[J].干旱区地理,2012(03):517-525.

宁越敏.论中国城市群的发展和建设[J].区域经济评论,2016(1):124-130.

牛文元,毛志锋.可持续发展理论的系统解析[M].武汉:湖北科学技术出版社,1998.

牛志广,姜巍,陆仁强,等.基于突变理论的城市配水系统脆弱性评价模型[J].
哈尔滨工业大学学报,2012,44(10):135-138.

欧曼.战后发展理论[M].北京:中国发展出版社,2000.

欧向军,顾朝林.江苏省区域经济极化及其动力机制定量分析[J].地理学报,
2004,59(5):791-799.

蒲英霞,葛莹,马荣华,等.基于 ESDA 的区域经济空间差异分析——以江苏
省为例[J].地理研究,2005(06):965-974.

齐元静,杨宇,金凤君.中国经济发展阶段及其时空格局演变特征[J].地理学
报,2013,68(4):517-531.

钱铭.21 世纪中国土地可持续利用展望[J].中国土地科学,2001,15(1):
5-7.

秦静,孔祥斌,姜广辉,等.北京典型边缘区 25 年来土壤有机质的时空变异特
征[J].农业工程学报,2008(03):124-129.

秦伟山,廖和平,张春柱,等.县域土地利用协调度研究——以重庆市璧山县为
例[J].中国农学通报,2010(19):344-348.

曲福田,吴丽梅.经济增长与耕地非农化的库兹涅茨曲线假说及验证[J].资源
科学,2004,26(5):61-67.

冉圣宏,李秀彬,吕昌河.土地覆被及生态服务价值变化的多时间尺度模
拟——以四川省渔子溪流域为例[J].地理学报,2006(10):1113-1120.

任鸿昌,吕永龙,姜英,等.西部地区荒漠生态系统空间分析[J].水土保持通
报,2004(05):54-59.

邵波,陈兴鹏.中国西北地区经济与生态环境协调发展现状研究[J].干旱区地
理,2005,28(1):136-141.

石浩朋,于开芹,冯永军.基于景观结构的城乡结合部生态风险分析——以泰
安市岱岳区为例[J].生态应用学报,2013,24(3):705-712.

孙斌栋.制度变迁与区域经济增长[M].北京:科学出版社,2007.

孙育秋.三峡库区土地覆盖现状及其环境影响[J].资源开发与保护,1989
(02):28-31.

谭三清,李宁,李春华,等.长沙市土地利用生态风险及评价[J].中国农学通报,2010(15):336-342.

唐常春.快速工业化区域建设用地扩张的多维演进分析——以佛山市南海区为例[J].经济地理,2009,29(1):80-86.

唐琦,虞孝感.东南沿海经济发达地区发展趋势与问题[J].长江流域资源与环境,2006,15(5):650-653.

陶然,曹广忠."空间城镇化"、"人口城镇化"的不匹配与政策组合应对[J].改革,2008(10):83-88.

陶文达.中国社会主义经济发展概论[M].沈阳:辽宁人民出版社,1991.

田莉.我国城镇化进程中喜忧参半的土地城市化[J].城市规划,2011(2):11-12.

万里强,侯向阳,任继周.系统耦合理论在我国草地农业系统应用的研究[J].中国生态农业学报,2004,12(1):162-164.

汪波,方丽.区域经济发展的协调度评价实证分析[J].中国地质大学学报(社会科学版),2004(06):52-55.

汪浪,曹卫东.近10年我国城镇化与工业化协调发展研究[J].科学决策,2014(2):21-32.

汪中华.我国民族地区生态建设与经济发展的耦合研究[D].哈尔滨:东北林业大学,2005.

王爱民,刘加林,尹向东.深圳市土地供给与经济增长关系研究[J].热带地理,2005(01):19-22.

王葆芳,刘星晨,王君厚,等.沙质荒漠化土地评价指标体系研究[J].干旱区资源与环境,2004,18(4):23-28.

王伯礼,张小雷.新疆公路交通基础设施建设对经济增长的贡献分析[J].地理学报,2010,65(12):1522-1533.

王根绪,程国栋.荒漠绿洲生态系统的景观格局分析——景观空间方法与应用[J].干旱区研究,1999,16(3):6-11.

王建军,吴志强.城镇化发展阶段划分[J].地理学报,2009,64(2):177-188.

王克林. 湘西喀斯特山区土地生态系统特征与综合开发建设对策[J]. 农业现代化研究,1990(03):52-56.

王令超,王国强. 黄土高原地区土地生态系统基本类型研究[J]. 生态经济,1999(2):26-28.

王少剑,方创琳,王洋. 京津冀地区城市化与生态环境交互耦合关系定量测度[J]. 生态学报,2015,35(7):2244-2254.

王绍强,周成虎. 中国陆地土壤有机碳库的估算[J]. 地理研究,1999,18(4):349-356.

王万茂,高波,夏太寿,等. 论土地生态经济学与土地生态经济系统(上)[J]. 地域研究与开发,1993a(03):5-10.

王万茂,高波,夏太寿,等. 论土地生态经济学与土地生态经济系统(下)[J]. 地域研究与开发,1993b(04):1-4.

王万茂,李俊梅. 关于土地资源持续利用问题的探讨[J]. 中国土地科学,1999(1):15-19.

王新华. 灰色系统理论:区域经济社会协调发展程度测度方法[J]. 中共青岛市委党校. 青岛行政学院学报,2011(4):68-70.

王亚华,袁源,王映力,等. 人口城市化与土地城市化耦合发展关系及其机制研究——以江苏省为例[J]. 地理研究,2017,36(1):149-160.

王永生. 遏制土地污染确保生命线安全[J]. 国土资源,2006(12):30-31.

王颖. 区域工业化理论与实证研究[D]. 长春:吉林大学,2005.

卫伟,余韵,贾福岩,等. 微地形改造的生态环境效应研究进展[J]. 生态学报,2013,33(20):6462-6469.

魏后凯. 区域经济的新发展观[J]. 中国工业经济,1993(5):31-36.

魏婷,朱晓东,李杨帆. 基于突变级数法的厦门城市生态系统健康评价[J]. 生态学报,2008,18(12):6312-6320.

温如春. 湖北省县域经济发展评价指标体系研究[J]. 武汉工业学院学报,2007(04):109-112.

邬建国. 景观生态学:格局、过程、尺度与等级(第2版)[M]. 北京:高等教育出版社,2007.

吴次方,徐保根. 土地生态学[M]. 北京:中国大地出版社,2003.

吴冠岑,牛星. 土地生态安全预警的惩罚型变权评价模型及应用——以淮安市为例[J]. 资源科学,2010(5):992-999.

吴海珍,阿如旱,郭田保,等. 基于 RS 和 GIS 的内蒙古多伦县土地利用变化对生态服务价值的影响[J]. 地理科学,2011,31(1):110-116.

吴健生,乔娜,彭建,等. 露天矿区景观生态风险空间分异[J]. 生态学报,2013,33(12):3816-3824.

吴箐,李宇. 土地经济生态位变化下的城乡空间景观格局表征—— 以广东省惠州市为例[J]. 地理科学,2014.

吴连霞,赵媛,马定国,等. 江西省人口与经济发展时空耦合研究[J]. 地理科学,2015,35(6):742-748.

吴未,谢嗣频. 中国土地生态安全评价研究进展与展望[J]. 河北农业科学,2010,14(5):99-102.

吴协保,孙继霖,林琼,等. 我国西南岩溶石漠化土地生态建设分区治理思路与途径探讨[J]. 中国岩溶,2009,28(4):391-396.

吴新民,李恋卿,潘根兴,等. 南京市不同功能城区土壤中重金属 Cu、Zn、Pb 和 Cd 的污染特征[J]. 环境科学,2003,24(3):105-111.

武鹏飞,宫辉力,周德民. 基于复杂网络的官厅水库流域土地利用/覆被变化[J]. 地理学报,2012,67(1):113-121.

夏禹龙,刘吉. 关于上海经济发展战略的思考[J]. 社会科学,1982(4):14-18.

肖笃宁,解伏菊,魏建兵. 区域生态建设与景观生态学的使命[J]. 应用生态学报,2004,15(10):1731-1736.

肖笃宁,李秀珍. 当代景观生态学的进展和展望[J]. 地理科学,1997,17(4):356-364.

谢高地,张钇锂,鲁春霞,等. 中国自然草地生态系统服务价值[J]. 自然资源学报,2001(01):47-53.

谢苗苗,李超,刘喜韬,等. 喀斯特地区土地整理中的生物多样性保护[J]. 农业工程学报,2011(05):313 - 319.

徐炳文. 中国西北地区经济发展战略概论[M]. 北京:经济管理出版社,1992.

徐炳文. 中国区域经济发展战略体系研究[J]. 管理世界,1993(4):186 - 195.

徐建华. 计量地理学[M]. 北京:高等教育出版社,2006.

徐美,朱翔,刘春腊. 基于 RBF 的湖南省土地生态安全动态预警[J]. 地理学报,2012(10):1411 - 1422.

徐勇,党丽娟,汤青,等. 黄土丘陵区坡改梯生态经济耦合效应[J]. 生态学报,2015,35(4):1258 - 1266.

许倍慎. 江汉平原土地利用景观格局演变及生态安全评价[D]. 武汉:华中师范大学,2012.

许学工,林辉平,付在毅,等. 黄河三角洲湿地区域生态风险评价[J]. 北京大学学报(自然科学版),2001,37(1):111 - 120.

颜磊,许学工,谢正磊,等. 北京市域生态敏感性综合评价[J]. 生态学报,2009,29(6):3117 - 3125.

杨多贵,牛文元,陈劭锋,等. 中国区域可持续发展综合优势能力评价[J]. 科学管理研究,2000(5):70 - 72.

杨筠. 生态建设与区域经济发展研究[M]. 成都:西南财经大学出版社,2007.

杨开忠. 中国区域经济系统研究(上)——区域经济理论,应用与政策[J]. 中国工业经济,1989(3):26 - 36.

杨开忠. 迈向空间一体化[M]. 成都:四川人民出版社,1993.

杨山,陈升. 基于遥感分析的无锡市城乡过渡地域嬗变研究[J]. 地理学报,2009,64(10):1221 - 1230.

杨子生. 试论土地生态学[J]. 中国土地科学,2000,14(2):38.

姚士谋. 中国的城市群[M]. 合肥:中国科学技术大学出版社,1992.

姚士谋,陆大道,王聪,等. 中国城镇化需要综合性的科学思维——探索适应中国国情的城镇化方式[J]. 地理研究,2011(11):1947 - 1955.

尤·李比希. 化学在农业和生理学上的应用[M]. 刘更另,译. 北京:农业出版社,1983.

余丹林. 区域可持续发展评价指标体系的构建思路[J]. 地理科学进展,1998 (02):86-91.

于相毅,尚金城. 结合 GIS 探析吉林省东部生态建设分区战略[J]. 干旱环境监测,2004,18(3):137-140.

于秀波. 我国生态退化、生态恢复及政策保障研究[J]. 资源科学,2002,24(1): 72-76.

俞艳,何建华,袁艳斌. 土地生态经济适宜性评价模型研究[J]. 武汉大学学报(信息科学版),2008(03):273-276.

袁磊,雷国平,张小虎. 资源型城市土地生态安全评价——以大庆市为例[J]. 地域研究与开发,2009,28(6):80-85.

翟金良. 我国资源环境问题及其控制对策与措施[J]. 中国科学院院刊,2007, 22(4):276-283.

翟玉顺,章熙谷. 低丘红壤地区的土地生态设计与建设[J]. 农业现代化研究, 1993(02):95-98.

张爱云,陈思格. 郑州市土地利用及生态建设初步研究[J]. 地域研究与开发, 2000,19(3):62-64.

张安录. 湖北大别山区土地人口承载力研究[J]. 生态农业研究,1994(02): 45-53.

张佰林,杨庆媛,鲁春阳,等. 不同经济发展阶段区域土地利用变化及对经济发展的影响——以重庆市 40 个区县为例[J]. 经济地理,2011(09):1539- 1544.

张帆. 环境与自然资源经济学[M]. 上海:上海人民出版社,1998.

张飞,孔伟. 我国土地城镇化的时空特征及机理研究[J]. 地域研究与开发, 2014,33(5):144-148.

张光宇,刘永清. 土地可持续利用的系统学思考[J]. 中国人口·资源与环境, 1998(01):14-17.

张弘力. 论体制转轨时期我国财政政策与经济发展[D]. 大连:东北财经大学, 2002.

张可云.生态文明的区域经济协调发展战略:背景、内涵与政策走向[C]//全国区域经济学学科建设年会暨生态文明与区域经济发展学术研讨会. 2012.

张凌,南卓铜,余文君.基于模型耦合的土地利用变化和水文响应多情景分析[J].地球信息科学学报,2013(06):829-839.

张培刚.农业与工业化[M].武汉:华中科技大学出版社,2002.

张琦.韩国工业化推进过程中的土地利用与经济发展关系分析研究[J].中国人口·资源与环境,2007(03):81-84.

张荣天,焦华富.泛长江三角洲地区经济发展与生态环境耦合协调关系分析[J].长江流域资源与环境,2015,24(5):719-727.

张为付.中国对外直接投资与经济发展水平关系的实证研究[J].南京大学学报(哲学·人文科学·社会科学版),2008(2):55-65.

张小虎,张合兵,赵素霞,等.基于三角模型河南省耕地集约利用趋势及时空分异[J].土壤通报,2013(02):277-283.

张雅杰,马国创.荆州市域县市区生态经济耦合协调关系与发展模式研究[J].生态经济(中文版),2016,32(12):92-96.

张颖聪.四川省耕地生态服务价值时空变化研究[D].成都:四川农业大学,2012.

张云峰,陈洪全.江苏沿海城镇化与生态环境协调发展量化分析[J].中国人口·资源与环境,2011(S1):113-116.

张昭利,任荣明,朱晓明.我国环境库兹涅兹曲线的再检验[J].当代经济科学,2012(5):23-30.

张正华,吴发启,王健,等.土地生态评价研究进展[J].西北林学院学报,2005,20(4):104-107.

张志全,郑晓非,姜乃力,等.沈阳西北部土地沙化过程与生态建设主要措施——以柳绕地区为例[J].水土保持研究,2003(04):215-219.

赵其国,周生路,吴绍华,等.中国耕地资源变化及其可持续利用与保护对策[J].土壤学报,2006,43(4):662-672.

赵文亮,陈文峰,孟德友.中原经济区经济发展水平综合评价及时空格局演变[J].经济地理,2011,31(10):1585-1591.

赵艳,濮励杰,张健,等.基于三角模型的城市土地可持续利用评价——以江苏省无锡市为例[J].经济地理,2011(05):810-815.

钟太洋,黄贤金,李璐璐,等.区域循环经济发展评价:方法、指标体系与实证研究——以江苏省为例[J].资源科学,2006(02):154-162.

周洪建,王静爱,岳耀杰,等.人类活动对植被退化/恢复影响的空间格局——以陕西省为例[J].生态学报,2009,29(9):4847-4856.

周生路,李如海,王黎明.江苏省农用地资源分等研究[M].南京:东南大学出版社,2004.

朱翠华,张晓峒.经济发展与环境关系的实证研究[J].生态经济,2012(3):48-53,62.

朱德举.土地科学导论[M].北京:中国农业科技出版社,1995.

朱土兴,姚文捷,朱磊.工业化与生态环境耦合性研究[J].环境污染与防治,2014(06):78-83.

朱艳硕,代合治,谢菲菲.济南市城镇化与工业化耦合关系评价与分析[J].地域研究与开发,2012,31(01):70-73.

朱永官,陈保冬,林爱军,等.珠江三角洲地区土壤重金属污染控制与修复研究的若干思考[J].环境科学学报,2005,25(12):1575-1579.

朱震达,王涛.从若干典型地区的研究对近十余年来中国土地沙漠化演变趋势的分析[J].地理学报,1990(4):430-440.

诸大建,臧漫丹,朱远.C模式:中国发展循环经济的战略选择[J].中国人口·资源与环境,2005,15(6):8-12.

祝培甜,赵中秋,陈勇,等.基于三角模型的土地生态安全动态评价——以西安市为例[J].水土保持研究,2016(01):244-248.

庄大昌,叶浩.广东省经济发展与滨海环境污染的关系[J].热带地理,2013(6):731-736.